データ視覚化のデザイン

資料視覺化設計

審訂 國立雲林科技大學助理教授
胡詠翔博士

永田ゆかり 著／吳嘉芳 譯

SB Creative

前　言

　　這本書是寫給需要做「儀表板」的人看的。如果你常常需要將資料轉換成圖表，也就是進行「資料視覺化」(data visualization) 的工作，這本書就是為你而寫的。舉例來說，如果你每天上班都在煩惱「要把 Excel 表格轉換成圖表時，該用哪種圖表比較好？」那你就應該看看這本書。

　　我平常負責的工作就和「資料視覺化」息息相關，包括向廣告代理商、製造業、大型顧問公司、金融機構等不同領域的客戶提供資料運用策略；設計儀表板的 UI/UX、提供資料視覺化等設計的諮詢服務；並製作出可以當作產品使用的儀表板。

　　除此之外，我還曾在各大企業擔任視覺化分析的教育訓練及研討會講師，服務過的行業有 IT 服務業、人力仲介業、EC 服務業、金融業界等，學員約有 1800 人。在我參與這些活動的過程中，客戶常提出許多實務問題，都會引發熱烈的討論。

　　透過和大家的互動，我逐漸釐清幾件事，包括：「資料視覺化時，最吸引閱聽者的是什麼？」、「閱聽者會產生何種假設，如何下意識地做了多餘的事情？」等等。即使我身為專業人士，其實也有過很多受挫的經驗。例如用心良苦製作的儀表板，閱聽者卻不屑一顧；或是明明利用資料分析及資料視覺化提出了有趣的建議，最後卻無法傳達給閱聽者。

　　在這本書中，我將根據上述這些經驗，整理出資料視覺化的 Know How、常見的反面教材、最佳作法等，去蕪存菁，列舉出具體的案例，以圖解方式仔細說明。此外，我也在書中彙整了一些職場上常見的相關問答，算是一種「FAQ」吧？每個問題的答案，我都會竭盡所能地詳細說明。

　　以下簡介本書各章節的內容。

第 1 章　資料視覺化「關鍵中的關鍵」

　　這一章會解說資料視覺化的基本概念，包括視覺屬性及資料類型等等，這些都是學習第二章、第三章之前必備的基本知識。假如你已經了解這些基本概念，就可以跳過這個部分。

第 2 章　提升專業感的技巧

這一章的重點是讓資料視覺化的成果更具有專業感。本章將提供許多具體方法，只要稍加留意，就能提升品質，讓作品擺脫素人感，看起來不像初學者的作品。

第 3 章　依目的選擇圖表

這一章將依目的來解說各種常見用途適合的圖表，同時還會示範幾個負面教材，當作「禁止事項」。多瞭解禁止事項的內容及原因，可提升自己判讀圖表的眼光。

第 4 章　資料視覺化實例演練

這一章會提供許多資料視覺化的實例，題材大多是來自我為客戶製作的儀表板，以及在教育訓練活動或研討會上使用過的案例。我將會解說在職場上適用的案例，請讀者參考案例，再根據自己實際的業務狀況，構思符合需求的資料視覺化內容。

第 5 章　真正在組織內紮根

我認為，只要能瞭解「應該花心思去做的部分」以及「應該勇於省略的部分」，並且「重視閱聽者的想法」，任何人都可以利用資料視覺化來表現想傳達的訊息。在這一章中，我會介紹可以加快這個過程的訣竅，當你理解之後，你的資料視覺化生活絕對會變得更有趣。

既然這是一本講解「資料視覺化」的書，我就不再用文字多做解釋了。若你願意閱讀這本書，並實際運用書中的內容，將是我的榮幸。

2020 年 2 月

永田ゆかり

本書使用的專有名詞

資料視覺化 (Data Visualization)

把想表達的資訊轉換為視覺化的圖表等內容，又稱「資料可視化」。在本書中，這個詞也具有「依照人類的觀看習慣與特性來處理資料，藉此傳達資訊」的意思。資訊的種類五花八門，在本書中，是把重點擺在文字或數據資料的視覺化。

BI (Business Intelligence)、BI 工具

BI 工具 (商業智慧工具) 是一種應用程式軟體，能快速將資料視覺化。代表性的軟體有 Tableau、Qlik Sense、Power BI、MicroStrategy Analytics、SAS 等。

圖表 (Chart)

在本書中，我把「以編碼方式呈現的資料視覺化結果」皆稱為「圖表」(chart)。另外，所謂的圖表格式，例如長條圖、圓餅圖 …… 等格式，則稱作「圖表類型」。在本書中，「圖表」的定義比較接近廣義的「資料視覺化的表現形式」。

閱聽者 (Audience)

想藉由資料視覺化來傳達訊息或主張的對象。可參考 5-1 節 (P.170)。

漏斗 (Funnel)

「漏斗」是一種行銷概念，會把消費者產生購買行為的想法變遷過程轉換成圖表的形式。典型的例子就是「購買漏斗」，包括 ① 認識產品→ ② 產生興趣→ ③ 比較與評估→ ④ 購買、申請、成交的過程。

關鍵績效指標 (KPI)

KPI 是「Key Performance Indicator」的縮寫。KPI 通常是組織內部評估績效的重要指標，是了解企業目標達成與否的標準。本書中許多範例都是在評估此項目。

儀表板（Dashboard）

　「儀表板」的定義沒有標準答案。由於使用範圍很廣，連專家們也有不同的看法。

　在本書中，是將「儀表板」定義為「有助於理解資料的視覺化表現方式」，因此大部分資料視覺化的成果都可以算是儀表板的一種。換言之，以下舉的這些例子也都包含在「儀表板」內。

- 製作經費清單，可依公司所有員工的工作地區或部門來檢視
- 整理重要的營運指標，每天早上用電子郵件傳送給主管或高層
- 業務依照客戶的不同，分別檢視前年同期比的業績

■ 各種儀表板範例

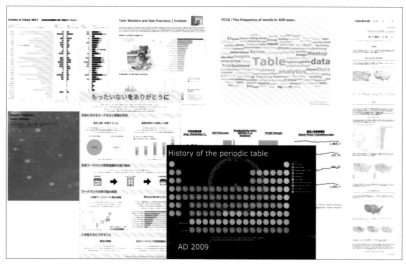

「把浪費變成感謝：日本食物銀行計畫」Yuta Sakai 製作

https://public.tableau.com/app/profile/yuta1985/viz/VFSG_JapanFoodBank/sheet0

「元素週期表的演變史」LM-7 製作

https://public.tableau.com/app/profile/lm.7/viz/Historyoftheperiodictable/1

上圖中其他作品皆由本書作者製作

CONTENTS

第 3 章

依目的選擇圖表

第 4 章

資料視覺化實例演練

第 5 章
真正在組織內紮根

第 1 章

資料視覺化
「關鍵中的關鍵」

本書要談的「資料視覺化」並不只是單純將資料變成圖表。這是因為，就算你費盡心思把資料都變成圖表，若閱聽者無法從這些圖表中判讀出重要資訊，仍是徒勞無功的。

如果費心做了資料視覺化，仍無法幫助閱聽者判讀資訊，那就一點用處也沒有了。究竟該怎麼做，才能成為「有用」的資料視覺化？

在此之前，你必須先徹底瞭解人類認知系統的特性。資料視覺化的結果必須符合人類的認知習慣，才能讓人們讀到視覺圖表中的重要資訊。

因此，所謂的「資料視覺化」是指：「轉換資料的表現形式，讓人類的視覺 - 認知腦神經系統更容易偵測到資料中潛藏的重要資訊」，也就是要藉由破解資料的表現形式，讓資訊更容易被人類讀取的技術體系。

本章要優先探討的「關鍵中的關鍵」，就是先了解「人們如何看資料」。

1-1 資料視覺化的目的

請看看下面這兩張圖。左圖中有幾個 9？一個一個數會很麻煩吧。那右圖呢？

■ 有幾個 9？

1	9	1	3	3	6	8	7	8	3
5	4	3	7	2	6	8	2	8	3
9	2	1	6	4	4	6	9	6	1
5	9	3	9	3	6	4	4	5	3
7	9	4	6	6	1	6	6	9	3
5	8	5	4	2	1	7	4	9	7
1	3	3	7	3	2	5	2	6	2
4	7	3	9	2	2	1	4	5	2
5	6	1	7	9	7	3	4	3	5
9	8	2	1	7	6	3	4	8	5

1	**9**	1	3	3	6	8	7	8	3
5	4	3	7	2	6	8	2	8	3
9	2	1	6	4	4	6	**9**	6	1
5	**9**	3	**9**	3	6	4	4	5	3
7	**9**	4	6	6	1	6	6	**9**	3
5	8	5	4	2	1	7	4	**9**	7
1	3	3	7	3	2	5	2	6	2
4	7	3	**9**	2	2	1	4	5	2
5	6	1	7	**9**	7	3	4	3	5
9	8	2	1	7	6	3	4	8	5

有 11 個 9。如果看右圖，立刻就一目瞭然對吧！

請看另一個例子。下圖是列出 A、B、C、D 四組資料的表格。

■ 四組數字組合

A 組		B 組		C 組		D 組	
X	Y	X	Y	X	Y	X	Y
10.00	8.04	10.00	9.14	10.00	7.46	8.00	6.58
8.00	6.95	8.00	8.14	8.00	6.77	8.00	5.76
13.00	7.58	13.00	8.74	13.00	12.74	8.00	7.71
9.00	8.81	9.00	8.77	9.00	7.11	8.00	8.84
11.00	8.33	11.00	9.26	11.00	7.81	8.00	8.47
14.00	9.96	14.00	8.10	14.00	8.84	8.00	7.04
6.00	7.24	6.00	6.13	6.00	6.08	8.00	5.25
4.00	4.26	4.00	3.10	4.00	5.39	19.00	12.50
12.00	10.84	12.00	9.13	12.00	8.15	8.00	5.56
7.00	4.82	7.00	7.26	7.00	6.42	8.00	7.91
5.00	5.68	5.00	4.74	5.00	5.73	8.00	6.89

這些數字要傳達什麼訊息呢？

這些數字是由 X 與 Y 兩個數值組合成一個資料集，這個表格內有 11 個資料集，形成了四個群組。這四個群組有著什麼樣的趨勢？

要從一堆數字中找出趨勢，會很花時間、非常麻煩，對吧？的確如此。這種狀態很難瞭解其中含意。一般而言，該怎麼做才能掌握趨勢呢？

如果你仔細檢視表格或數字，似乎可以感覺到「A 組有較多的數字大於 B 組」或「C 組的數值比 B 組分散」等，但是這樣的說法既模糊又主觀，有沒有能客觀掌握趨勢的方法？

能否計算平均值、變異數、相關係數、迴歸直線等統計量？

此時，可以派上用場的最佳工具就是「統計」。透過統計處理，我們能「客觀」掌握各種資料的趨勢。接著計算這四組的統計量，結果如下表所示。

■ 統計量

統計量	值
X 的平均值	9
X 的變異數	11
Y 的平均值	7.5
Y 的變異數	4.12
X 與 Y 的相關係數	0.816
迴歸直線	y=3.00 + 0.500x

欸，你說這是哪一組的統計量？事實上，上面四組數字的平均值、變異數、相關係數、迴歸直線等統計量，全都是一樣的。

如果只從統計角度檢視，這些全都是有著相同趨勢的資料！

在歸納出這個結論之前，我們用「散布圖」來顯示這些資料，結果如下圖所示。

「好奇怪？」你的心中是否產生了疑惑？

　　沒錯。事實上，儘管平均值、變異數、相關係數完全相同，但是資料的「趨勢」其實是截然不同的。

　　這代表什麼意思？換句話說，就是「有些資料趨勢無法單憑『平均值、變異數、相關係數』等統計量來呈現」。而且有時用統計量無法表現的資料趨勢，如果改用資料視覺化的方式，就能一目瞭然了。

■　改用資料視覺化的方式來呈現趨勢

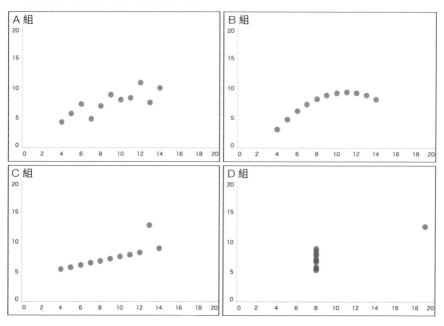

　　的確，統計是客觀掌握資料趨勢的強大工具，但是仍有些資料趨勢無法用統計來掌控，這也是必須進行資料視覺化最根本的原因之一。

　　附帶一提，前面展示的這組資料集範例叫做「Anscombe's Quartet」，是由英國知名統計學家法蘭克‧安斯康姆 (Frank Anscombe) 提出的，用來說明視覺化表現的重要性。這個資料集清楚呈現了視覺效果為何如此重要。

　　當你在看一堆數據時，即使統計指標都相同，倘若實際趨勢截然不同，業務上要採取的行動或是對下一步的構想勢必會隨之改變。在實務工作上，這樣可能會造成風險，就是光看數字統計結果，結果做出的決策偏離原本的目標。

前面談論了許多資料視覺化的優點，其實統計指標也是非常方便的工具。我認為統計指標與視覺化並不是對立的概念，如果能同時活用統計指標與視覺化的威力，或許可以發揮更大的價值。

統計量常是某種「合計」的結果。比方說，當我們在討論「平均值」的難度時，常在各種情境下引用「平均值的陷阱」這個概念。原因在於，檢視整體散布狀態，分布並不一致，其統計量會受到極大值與極小值的影響，標準差也一樣。

■ 國語及數學的平均分數皆為 50 分的分布範例

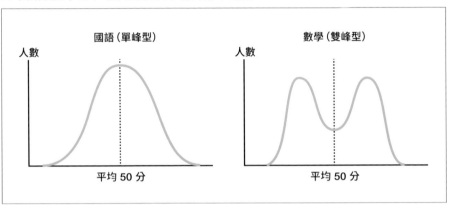

同樣是「平均 50 分」，趨勢卻是不同的。即使如此，如果要逐一詳查數萬筆問卷調查資料中的數字及答案，再仔細分析趨勢，其實非常困難。因此，實務上大部分的調查仍會參考某種具代表性的數值（平均值、分散度、標準差、相關係數等），若要快速掌握並瞭解整體狀態，統計仍是非常方便的工具。

不過這裡必須注意到，光憑一項指標，例如只看「平均值」，其實無法看見分析對象的分布及演變等「真實樣貌」。

過去要「檢視」大量資料時，需要花費非常高的代價，因為沒有方便的工具能在短時間內瀏覽並理解大量的資料。在這種情況下，統計量幾乎可以說是讓人們大致掌握整體狀態的唯一手段。

如今我們已經有各式各樣極為方便的工具，可以透過電腦將資料視覺化，並同時觀察統計量，因此現在能提出更深入的建議了。如同前面的 Anscombe's Quartet 範例，資料視覺化可直接傳達重要的資訊，再搭配統計，就能發揮更強大的威力。

1-2 視覺屬性

　　上一節的開頭曾請你數一數有幾個「9」，為什麼你這麼快就能數出 9 的數量？因為加上顏色的關係嗎？

　　沒錯。在我們的大腦視覺皮質上，「顏色」是能在毫秒內反應差異的視覺屬性。下圖列舉了一些「視覺屬性」的範例，你應該都能快速找出差異。這種視覺屬性的體系眾說紛紜，以下的說明並不代表全部的內容。

■ 視覺屬性的體系

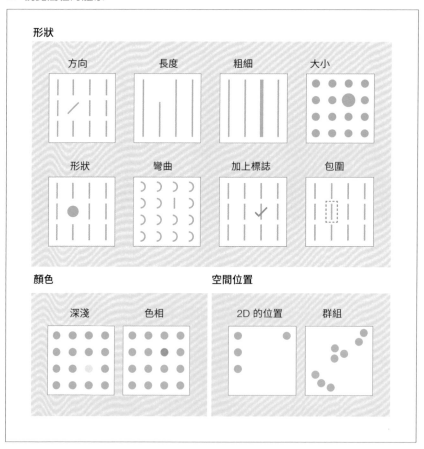

　　資料視覺化，就是把資料轉換成某種「視覺屬性」(編碼)。

上一節的範例是用視覺屬性「顏色」來找出 9。我們來看一下，如果改成用其他視覺屬性，會有什麼結果？右圖是利用「文字大小」來區別「9」以及「其他數字」的範例。

右圖也能很容易算出「9」的數量，可是以「找出 9 並計數」的目的來說，用「顏色」來辨識感覺比較合適對吧？

■ 只改變 9 的「文字大小」

1	9	1	3	6	8	7	8	3
5	4	3	7	2	6	8	2	8	3
9	2	1	6	4	4	6	9	6	1
5	9	3	9	3	6	4	4	5	3
7	9	4	6	6	1	6	6	9	3
5	8	5	4	2	1	7	4	9	7
1	3	3	7	3	2	5	2	6	2
4	7	3	9	2	2	1	4	5	2
5	6	1	7	9	7	3	4	3	5
9	8	2	1	7	6	3	4	8	5

既然說「顏色」比較適合找出 9 並計數，那麼如果把 1 到 9 都加上不同顏色會如何？

■ 把所有數字都加上顏色

1	9	1	3	3	6	8	7	8	3
5	4	3	7	2	6	8	2	8	3
9	2	1	6	4	4	6	9	6	1
5	9	3	9	3	6	4	4	5	3
7	9	4	6	6	1	6	6	9	3
5	8	5	4	2	1	7	4	9	7
1	3	3	7	3	2	5	2	6	2
4	7	3	9	2	2	1	4	5	2
5	6	1	7	9	7	3	4	3	5
9	8	2	1	7	6	3	4	8	5

這樣一來，計算有多少個 9 的難度會和沒有加上顏色時差不多。如上所示，視覺屬性的用法會隨著情況而異，而且不同的資料類型也有各自適合的視覺屬性，本書將會解說這個部分。

視覺屬性中的「顏色」格外重要，因為顏色能強烈影響人類的認知，卻也因此常出現誤用這種影響力的情況。本書將列舉實際的例子，說明如何配色才適當，請你務必透過本書掌握「顏色」的正確用法。

1-3 輔助記憶

資料視覺化的另一個目的，是輔助記憶。大腦的記憶包括感官記憶、短期記憶、長期記憶等三種，前面的例子「看到數字 9」，就會產生記憶。

■ 記憶的過程

在這三種記憶中，感官記憶是不需要思考的，是人類下意識的反應，不必用詞彙說明「顏色」、「形狀」、「位置」等視覺屬性，也能輕易辨識其中的差異。

短期記憶則可以儲存來自感官記憶的刺激，據說短期記憶可以維持數十秒到數十分鐘。在討論資料視覺化時，這是非常重要的部分。

請參考右表，告訴我在過去四年內，各類的營業額是成長還是下降？另外，哪個類別的營業額「成長最快」？

■ 各類別的營業額（列出數據）

		類別		
		家具	家電	辦公用品
2015	Q1	1,729,319	1,821,186	2,012,120
	Q2	4,265,447	4,330,631	2,680,035
	Q3	3,688,474	3,456,156	2,917,324
	Q4	3,976,130	4,476,783	2,517,775
2016	Q1	2,766,027	3,092,916	2,268,750
	Q2	4,669,070	5,810,409	4,256,692
	Q3	5,255,844	4,223,137	4,092,868
	Q4	6,559,383	6,142,146	5,262,321
2017	Q1	3,545,554	3,027,377	2,771,603
	Q2	7,601,606	6,781,550	4,262,403
	Q3	6,347,062	5,561,690	3,850,302
	Q4	7,121,329	6,614,515	4,535,944
2018	Q1	4,064,237	3,956,778	2,483,798
	Q2	6,580,066	6,552,137	5,981,129
	Q3	7,365,792	7,991,691	6,508,641
	Q4	5,631,659	8,448,454	7,320,584

嗯......你是不是想了一下？如果你是個認真的人，可能會把所有的數字都看過一遍，然後找出最大的數字。這是依照類別（每季）顯示過去四年來的銷售資料，檢視這個表格，可以看出何種趨勢？

這個狀況和前面舉的例子（Anscombe's Quartet）很像，我們其實很難光從這個表格分析數據和找出趨勢，因為如果要解讀這些數據真正的意義，就得同時檢視並理解表格內所有數字的意義。

我們大腦內的短期記憶，並不是用來記住這種由一堆數字組成的大量資料。檢視這些數字時，假設從第一個儲存格內的數字開始看起，接著再看第二個儲存格，當我們看到第四、第五格的數字時，通常已經忘記最前面的數字了。

現在我們把這個數字表格變成圖表。這裡只簡單製作成折線圖。

■ 各類別的營業額（折線圖）

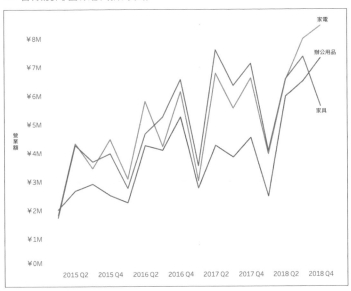

如果能夠把這些數據製作成折線圖，就能瞭解整體的趨勢，提出比表格更明確的建議。從上圖可以看出，辦公用品除了最初與最後這兩季，長期以來，營業額都是最低的。然而，大部分的時間，家具長期處於第一、二名，與家電的競爭很激烈。整體而言，比起剛開始時，營業額的變化十分劇烈。

資料視覺化的目的之一，就是透過視覺化的表現方式，幫助人們從不容易記憶的大量數字中，瞬間瞭解趨勢。

<table>
<tr><td>1-4</td><td></td></tr>
</table>

1-4	資料視覺化的 「顏色」用法

　　本書的第二章將會解說資料視覺化的「色彩與配色技巧」，在此之前，以下要先解說在資料視覺化時，顏色用法的分類。

　　顏色的用法會依使用的「目的」而異，所以最重要的是，必須思考你使用顏色的目的。本書第三章依資料選用圖表的技巧也將以本節的知識為基礎，因此請先熟讀以下的說明，徹底瞭解處理資料時該如何使用顏色。

場序色

　　場序色（Sequential Color）是指用一種顏色的明度表現資料數值的多寡。

■ 場序色的範例

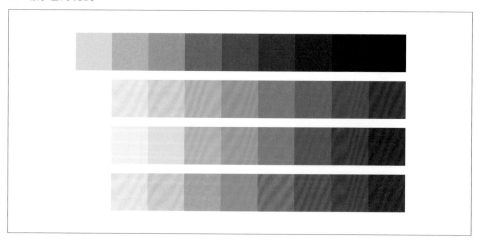

　　右頁的圖片是我的作品之一，是使用場序色的範例。我用場序色來表現「該郡的美國農民，農業收入在 10,000 美元以下的比例有多少？」場序色適合呈現連續性資料的數值多寡，顏色愈深，代表數值愈大（圖表中用顏色來表示收入在 10,000 美元以下的農民比例）。

■ 亞利桑那州阿帕契地區 2012 年有 92.5% 的農民收入在 10,000 美元以下

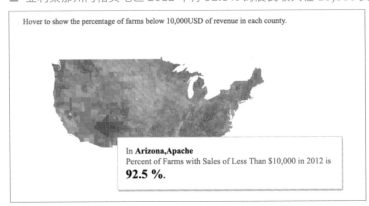

 邁向永續農業

https://public.tableau.com/app/profile/yukari.nagata0623/viz/
TowardsSustainableAgricultureIronViz/Dashboard

發散色

　　發散色（Divergent Color）是從任意的中間點開始設定區間，以中間點為起點，用雙色場序色呈現的結果。

■ 發散色的範例

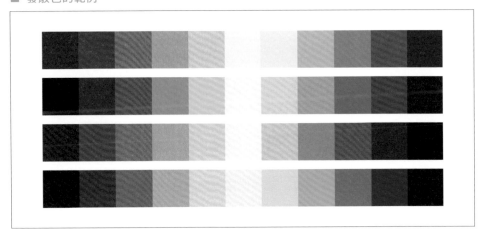

　　發散色也是用顏色的明度來呈現，這一點和場序色是一樣的，但是發散色會利用中間點來表現積極與負面，或正負等兩種類型的幅度（規模），例如以下的用法。

■ 使用了發散色的氣象圖

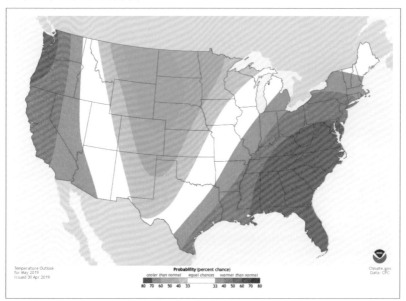

NOAA Climate.gov
https://www.climate.gov/maps-data/data-snapshots/tempoutlook-monthly-cpc-2019-04-30

　　上圖的紅色系部分是氣溫比歷年高的地區，藍色系部分是氣溫比歷年低的地區。

類別色

　　類別色（Categorical Color）就是用
顏色表現不同分類或進行區別。當然
類別色可用在任何分類，但是若需要
比較大量的分類時，用色勢必變多，

■ 類別色的範例

這可能會讓閱聽者感到眼花撩亂。解決這個問題的方法，就是先慎選想分析的類
別再加上顏色。例如下一頁這種子類別較多的情況，可以只用「類別」區分顏色，
而不必按照「子類別」分色。

■ 類別色的使用範例

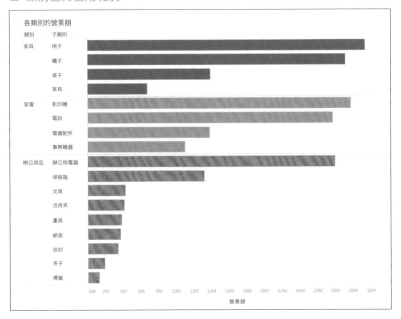

強調色

強調色（Highlight Color）是當資料中含有必須突顯或吸引閱聽者注意的部分時，只在該部分加上特定顏色。

強調色的用法有許多種，例如右圖的銷售趨勢中，只在特定的地區使用強調色（藍色）。

■ 強調色的範例

■ 強調色的使用範例 1

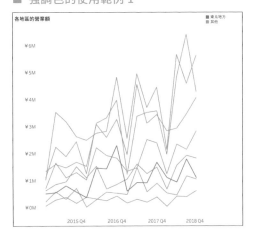

此外還有如下圖所示的範例，是在整個儀表板中，建立用色關係（Context），並把該顏色當作強調色。

■ 強調色的使用範例 2

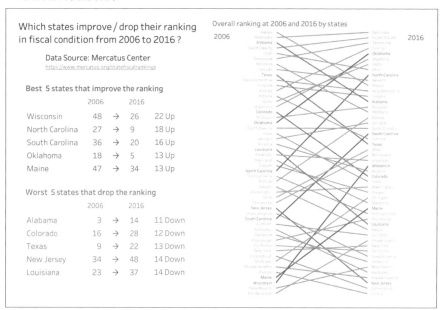

《Ranking in fiscal》Satoshi Ganeko 製作

https://public.tableau.com/app/profile/satoshi.ganeko/viz/
RankinginfiscalMOMweek152019/Rankinginfiscal

上圖是 2006 年到 2016 年美國各州的財政預算儀表板。

儀表板左邊是文字的用色（排名上升為藍色，排名下降為紅色），同時在儀表板的右邊也是使用藍色與紅色當成強調色，讓整個圖表呈現一致性。這樣可以形成具有統一感的儀表板，讓閱聽者更容易瞭解顏色所代表的意思。

1-5 資料類型

　　想讓資料呈現良好的視覺化效果，必須先瞭解有哪些資料類型，以及你要處理的資料比較符合哪種類型。因為每個類型都有比較適合的視覺屬性，先瞭解這一點，在選擇圖表時，才能發揮效率及效果。

　　資料類型的分類方法有許多種，如果要注重視覺屬性，並且瞭解資料與視覺化的契合度，必須注意以下三點。

■ 具代表性的資料類型

名稱	說明	範例
類別資料 （分類名稱）	類別資料所代表的是「事物」，這些資料並不是「數值」，而且彼此沒有重疊的名稱	[札幌、旭川、函館]（地名） [由佳里、薰、朱里]（人名） [朝日、札幌、三得利、麒麟]（品牌名）
順序資料 （次序名稱）	包含上述的類別資料，但有順序的差異	[金、銀、銅] [優良、普通、不佳] [非常喜歡、喜歡、普通、不喜歡] [大辣、中辣、小辣、不辣]
量化資料	這是指可統計或測量的數值	重量 [10kg、20kg、50kg] 成本 [1,000 元、10,000 元、100,000 元] 折扣 [25%、30%]

　　上面介紹的各種資料類型，該用哪種視覺屬性來表現比較適合？我用以下的表格整理出資料類型與視覺屬性的契合度。關於視覺屬性可參考 P.16 的說明。

■ 資料類型與視覺屬性的契合度指標

	類別資料	順序資料	量化資料
位置	○	○	○
長度	－	○	○
方向	－	○	○
明度	－	○	○
色相	○	－	－
形狀	○	－	－
粗細	－	○	－

只要能深入瞭解資料類型與視覺屬性契合度的基本知識，應該就可以創造出讓人一目瞭然的視覺化設計圖表。不過以上這些只是參考指標，並非絕對原則，不需要把上述內容硬背下來。在進行資料視覺化時，最重要的是去思考實際運用時，是否能適當地傳達你想表達的訊息，因此請務必動手嘗試，當作開始練習的起點。

另外，使用多個視覺屬性時，有些重點必須特別注意，請見下圖。

■ 使用多個視覺屬性的散布圖

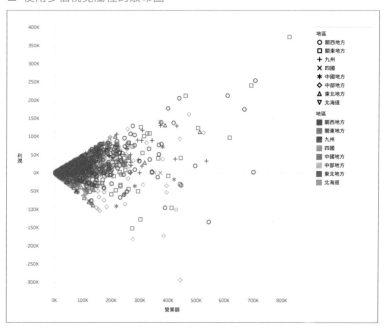

上圖使用了視覺屬性中的「顏色」與「形狀」來表現各個地區的類別資料。當然並非絕對不能同時使用兩個視覺屬性，但是在多數的商業場合，使用一個視覺屬性通常比較簡潔且容易理解，多個視覺屬性會加重認知負荷，請特別留意這一點。

1-6 通用設計的政治正確

從事資料視覺化時，有件事特別重要，就是在涉及到色盲、性別、人種、民族、宗教等與政治性、社會性有關的議題時，必須盡量保持中立，我稱為「通用設計的政治正確」。「通用設計」(Universal Design) 是指能讓所有人正常使用的設計；而「政治正確」(Political Correctness) 則是避免對特定族群造成冒犯。以下將說明在資料視覺化時，關於顏色、性別、人種等議題的處理範例。

顏色

大家在學生時代應該有做過色盲檢查吧？根據我的調查，近來有些學校已經不做色盲檢查了，或許有些年輕的讀者不曾做過。下圖就是在色盲檢查時使用的檢查表範例 (圖片僅供參考，並非實際檢查用的圖表)。

■ 石原式色盲檢查表範例 (左為二類表，右為三類表)

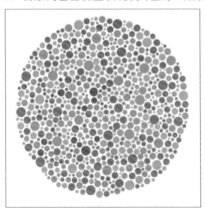 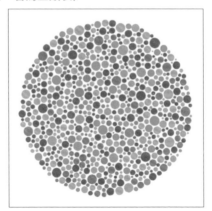

「色盲」又稱為色覺辨認障礙，是指能看到或感覺到的顏色與其他多數人不同。根據調查顯示，在日本約有 5% 的男性有色盲，而女性的色盲比例約 1%(此比例依國家而異，也就是說，日本人約有 300 萬人以上有色盲)。因此在設計上使用到顏色時，也要考量到色盲者是否能順利辨識，這樣的色彩設計才符合通用設計。

　　人的眼睛能辨識顏色、感受色覺和光線，主要是靠視網膜上的「視錐細胞」；而色盲的成因，就是在三種辨色的視錐細胞中發生缺損。因此色盲者會因為其缺少的視錐細胞而讓看到的顏色出現異狀，如下表所示。

■ 色盲的主要種類

種類	說明
第一色盲 (Protanopia)	無法辨識紅色系
第二色盲 (Deuteranopia)	無法辨識綠色系
第三色盲 (Tritanopia)	無法辨識藍色系

　　進行資料視覺化時，對色盲者來說會產生何種問題？讓我們來看看範例。

　　下圖是比較一般人（非色盲者）與各類色盲者所看到的圖表色彩。我們使用了「Chromatic Vision Simulator」這個模擬工具，來模擬每一類色盲者看到的差異。

　　原本四種顏色都很清楚，但是第一色盲與第二色盲卻很難辨別顏色差異。

■ 第一、第二色盲無法分辨的配色範例

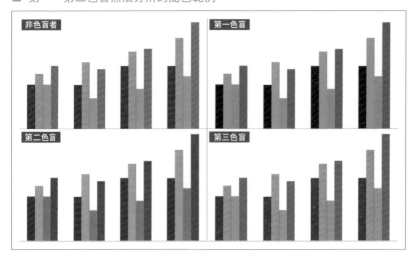

　　上面的圖表是使用類別色來做分類，但是對色盲者來說，這樣就會有分不清類別的問題。此外，在對量化資料使用發散色時，也會發生明顯的問題，例如使用以下顏色當作發散色的情況。

■ 發散色的設定（範例）

淨利率

-13%　　　　　　　　　45%

　　下面的圖表中，X 軸（橫軸）為營業額，是使用上述範例的顏色，以發散色來呈現
淨利率多寡的圖表。

■ 比較顯示方式

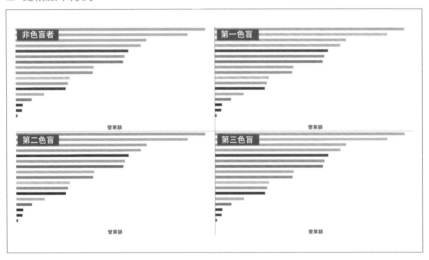

　　如果使用上述範例的發散色來呈現淨利率，這樣可能會導致其他三類色盲者誤解
淨利率的多寡吧？

　　除此之外，若圖表中使用了灰色，也會導致第三類色盲者無法辨識，請見下一頁
的圖表。如下所示，即使運用了灰色與紫色來分類，第三類色盲仍難以分辨。既然
想做分類，不管是否運用「顏色」，這樣的分類也失去意義。因為你無意之間使用
的顏色，可能造成觀看結果出現變化。

　　因此在配色時，要考量到讓所有的人都能輕易辨別，這點非常重要。

　　以前你可能都是不假思索地設定想要的顏色，從現在起，建議你先考量閱聽者再
設定。若你選擇的顏色忽略了色盲者，就算有訊息想傳達，也可能無法發揮效果。

■ 使用灰色與紫色作為類別色

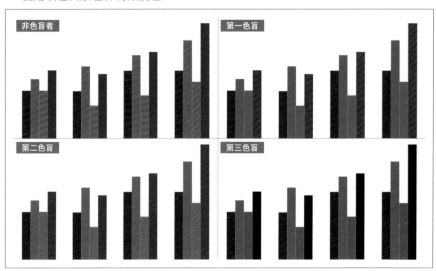

　　請見以下可以解決這種問題的「色彩通用設計」用色範例。首先是當作類別色來使用的情況。

■ 符合色彩通用設計的配色

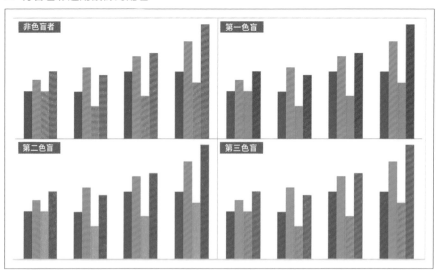

如果使用這種配色，則不論是哪一類色盲，應該都能輕易辨別。

接著請見使用了發散色的範例。同樣地，不論閱聽者是否為色盲，都能輕易瞭解以下顏色代表的意義（這裡是指淨利率）。

■ 發散色的設定（範例）

■ 比較呈現結果

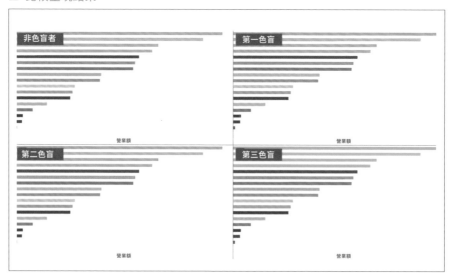

由此可知，在進行資料視覺化時，思考不同閱聽者所看到的配色結果非常重要。可能有時候你會想利用視覺屬性的顏色來區別，這時就要想到對特定閱聽者而言，有些配色或許是毫無意義的。為了解決這個問題，有個好方法，就是參考下列文件中推薦的配色組合，它們都是符合色彩通用設計準則的。

 東京都色彩通用設計準則

http://www.fukushihoken.metro.tokyo.jp/kiban/machizukuri/kanren/color.files/colorudguideline.pdf

　　不過，有些狀況下會無法使用符合通用設計的配色，例如必須使用企業標準色或品牌色等用色受到限制的時候。

　　視覺化設計時的重點是，要先瞭解作品在色盲者眼中可能呈現的狀態，並且盡量思慮周全。近來有些 BI 工具（商業智慧工具，可整合和分析資料的應用程式）也會提供讓色盲者容易瞭解的顏色面板。下圖就是「Tableau」中提供的色盲專用色板。

■　色板的選項（Tableau）

　　建議你多多善用這類工具，事先瞭解可能呈現的視覺效果，設計才會萬無一失。下面介紹幾種我平常都會使用、用來模擬色盲所見狀態的工具。若你要製作的資料是提供給所有人瀏覽的，就應該先運用這類工具好好確認清楚。

Google Colorblindly

　　這是 Google Chrome 瀏覽器的擴充功能之一，可以簡單地模擬目前這個網頁在色盲者眼中的狀態。用法簡單，只要選擇想模擬的模式即可。

Chromatic Vision Simulator

　　這是一個應用程式，功能和上面的 Google Colorblindly 大致相同，但這個工具有提供 iOS 版、Android 版、Web 版等三種版本。這個程式可以模擬幾種主要的色盲瀏覽狀態，包括第一色盲、第二色盲、第三色盲所見的顏色狀態。

　　右頁上圖就是我活用上面這些工具，來確認我的設計所呈現的色彩。

■ 顯示色彩狀態的呈現差異（作者製作的「推文分布圖」）

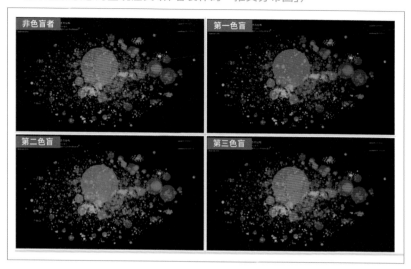

性別

　　當你用圖表來表示「男女」時，是否曾經用藍色系代表男性，紅色系代表女性？最具代表性的例子，應該是廁所的標誌吧！

　　在做視覺化設計時，若你想表示某種內容的性別差異，應該常看到這類圖表吧！

■ 男女比較範例

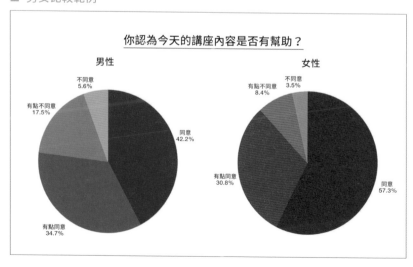

■ 某產品依男女區分的 Twitter 文字雲（作者製作）

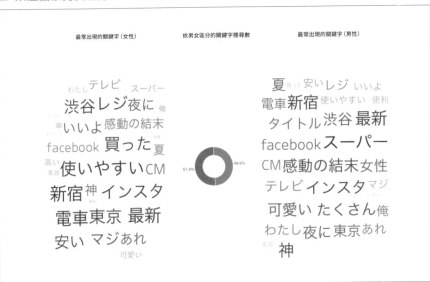

以日本的習慣，想呈現某些資料時，男性通常會用藍色系表示，女性則會用紅色系表示，這樣通常沒有問題。但是歐美國家卻會避免這樣用。

事實上，藍色或紅色本身並沒有好壞之分，可是如果習慣將顏色套用在特定性別，就會強化刻板印象。請見右圖，區分男女性別有各種方法，不見得男性就要用藍色，女性就非用紅色系不可。

或者也能用以下方式呈現。右頁的圖顯示了在美國 1800 個學區中的英文與數學考試成績，展示男女分數趨勢。

■ 用深淺色區分男女人口金字塔（作者製作）

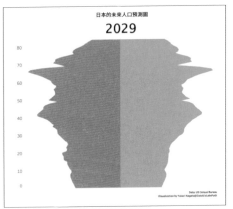

■ 美國近 1800 個學區的考試成績與性別差異分布圖（紐約時報）

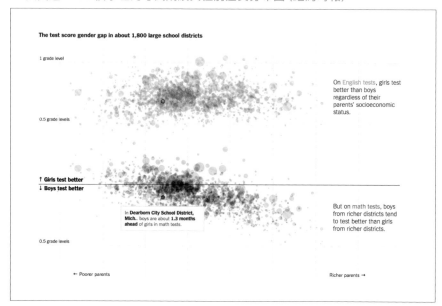

The test score gender gap in about 1,800 large school districts

1 grade level

On English tests, girls test better than boys regardless of their parents' socioeconomic status.

0.5 grade levels

↑ Girls test better
↓ Boys test better

In Dearborn City School District, Mich., boys are about 1.3 months ahead of girls in math tests.

But on math tests, boys from richer districts tend to test better than girls from richer districts.

0.5 grade levels

← Poorer parents   Richer parents →

 https://www.nytimes.com/interactive/2018/06/13/upshot/
boys-girls-math-reading-tests.html

　　圖表中，橫軸代表家庭的經濟環境（愈往左側，經濟環境相對愈差；愈往右側，經濟環境相對愈好）。此外，橘色是英文測驗的分數分布，藍色是數學測驗的分數分布。在高於中間水平線的區域，女性的分數比男性高；而在低於水平線的區域，女性的分數比男性低。

　　由此可知，不論父母的經濟環境如何，女性的英文分數都較高。另一方面，我們可以看到在經濟環境良好的學區，學生的數學分數往往比較高。

　　這裡的視覺化是用一個一個點來代表學區，加入環境分析的視角而非純粹以性別來分析統計分數，完成的資料視覺化設計，會比只檢視各性別的分數更有意義。

　　從這個例子也可以學到，在處理和性別有關的統計資料時，不必拘泥於藍色代表男性、紅色代表女性，應該試著思考是否有其他表現手法。

人種

你是否用過類似下圖這種簡易圖示？這類圖示稱為「象形圖」(pictogram)，常用於公共設施，運用簡潔、讓人一目瞭然的圖示，達到指引或說明的目的。

■ 象形圖範例

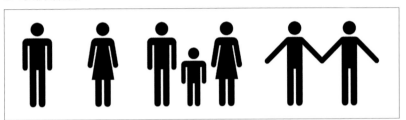

這類象形圖在廁所最常出現，有時我也會用圖像的「大小」來呈現數量多寡。

接著來看看不同的範例。請見下圖，這是 1940 年出版的書籍內容，裡面使用了圖像風格來說明美國與英國的人種分佈。

■ 用圖像表示人種的範例

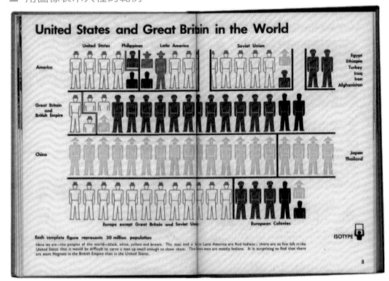

 Britain vs. America in Minimalist Vintage Infographics
https://www.brainpickings.org/2012/11/13/only-an-ocean-between-isotype-infographics/

看了這個圖表,你覺得如何?

前面我們就說過,「顏色」本身是沒有任何問題的,同樣圖像本身也沒有問題,問題出在這個圖表竟然把「皮膚的顏色」當成表示人種的顏色。

要表現人種時,請勿在人的圖像上使用皮膚的顏色或國旗的顏色,因為這會產生刻板印象,而對特定族群造成冒犯。若要表現人種,通常只要加上文字標籤即可。例如用以下的方式直接呈現。

■ 用文字標籤表現人種的範例

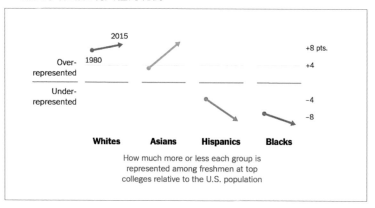

「即使採取了平權行動,美國頂尖大學中的非裔和西班牙裔
學生代表人數仍比35年前少得多」(引用自紐約時報)

https://www.nytimes.com/interactive/2017/08/24/us/affirmative-action.html

「顏色」在不同文化中,具有不一樣的含義。

因此,當你想用視覺化設計來表現某個故事時,請花時間仔細思考,你選擇的「顏色」會「對閱聽者帶來何種影響?」以及「閱聽者看了會有什麼感覺?」。

請絕對不要認為「這點與自己想傳達的訊息主旨或故事無關,不會造成影響」。即使對你而言沒有問題,對其他人來說卻可能十分敏感。如果放任這種問題不管,你設計的儀表板或資料視覺化內容,很可能會造成爭議或是乏人問津。

專　欄　　**視覺化的前置作業**

　　資料很少是為了「分析用途」而製作的，剛拿到的資料可能是雜亂無章的，無法直接視覺化。問題不在於擁有資料，而是資料本身沒有規則，因此通常要先經過事前處理，讓資料變得清楚簡潔，這點非常重要。

　　在做資料視覺化設計時，資料的「事前處理」是非常重要的過程。我認為「事前處理」的步驟也是資料視覺化的過程，甚至可以說這就是為了資料視覺化而做的。如果可以早一步做企劃、設計、執行事前處理，就能進一步拓展資料視覺化設計的廣度與速度。

　　另一方面，當你在資料表格內輸入大量字串時，善用正規表現也非常重要。此外，如果沒有注意到「計算量」，龐大的運算可能會造成伺服器的負擔，導致效能降低，而無法在組織內部運用。

　　在進行資料視覺化時，必須用各種觀點搭配視覺化來解讀彼此的關係。因此若能使用 SQL, Python, ETL（Alteryx 等）這類的程式來輔助處理，可以對資料視覺化帶來良好的影響。

　　就像做料理，成功與否取決於食材及調味料是否有事前準備好並完成處理。資料視覺化也是相同的道理，準備越充足，成果就會越理想。

1-7 降低認知負荷

認知負荷是我們在思考資料視覺化設計時，最根本的概念。閱聽者要瞭解你製作的視覺化內容時，通常需要消耗大腦的能量。因此在使用資料傳達訊息時，要盡量減少耗費閱聽者的大腦能量，這點是非常重要的。當資料內容超出認知負荷，理解資料會令人感到有負擔時，閱聽者通常會不想瞭解而直接離開。

到目前為止，透過本章說明的內容，以及使用儀表板解說的技巧，我們都是以「降低認知負荷」為基本原則。本節將進一步探討所謂的認知負荷。

認知負荷與資料墨水比（ Data-Ink Ratio ）

我們每個人都一定曾在某個時候感受到認知負荷。不僅是資料視覺化，也可能是在用 PowerPoint 製作含有大量數字與文字資料時有過這種感覺。況且你應該就是覺得自己製作的資料視覺化亂七八糟，不夠清楚，才會拿起這本書吧？

即使你認為「我已經使出渾身解數去分析，完成最棒的預測模型了！」、「我已經製作出非常清楚的視覺化設計了！」但是如果認知負荷太高，任何人都不會想看。有時候，即使你是在組織內部導入伺服器、建立出可共享資料分析的視覺化設計，也會發生很少人看的情況。為什麼別人不想看呢？

不論是商用儀表板，或是資料視覺化競賽的作品，我們的大腦在接收新資訊時，都會或多或少感到認知負荷。每個人應該都有過這樣的感覺，看到新的儀表板時，心想「這是什麼啊？」、「這是什麼意思？」、「這個數字的定義是什麼？」這些都是消耗大腦能量來思考的經驗。如果資料內容的結構、版面、顏色、資訊內容會造成理解負擔，閱聽者通常就會立刻離開。

到目前為止，本章說明了視覺屬性及與資料類型的契合度，作為你在資料視覺化過程中的思考基礎，這些可以說全都是用來降低認知負荷的武器。

提到認知負荷，有個可以當作參考的概念，就是資料墨水比（Data-ink Ratio）。這是由耶魯大學的統計學家愛德華‧塔夫特（Edward Tufte）提出的概念，他是訊息設計和可視化設計的權威。「資料墨水比」的核心概念是，「要做出好的圖表，必須刪除所有與資料無關的多餘內容」。你可以將「墨水」理解為印這份資料的墨水，要把墨水盡量用在資料本身，而非與資料無關的裝飾。公式非常簡單。

$$\frac{顯示資料所使用的墨水量（Data\ ink）}{圖表、圖形等整體表現使用的墨水量（Total\ Ink）}$$

這個比例愈高，就代表圖表愈好。

比方說，長條圖本身是連結資料的「資料墨水（Data Ink）」，但是長條圖的陰影效果、背景框線、分類圖示等，都不是資料墨水。與資料無關的墨水要愈少愈好。

完形法則

完形法則（Gestalt Law）是與人類的視覺、知覺有關的法則。如果你從事的工作是網頁設計、UI/UX 等工作，由於工作內容和視覺或使用者介面高度相關，應該也會運用到完形法則。在思考如何降低認知負荷時，這是非常重要的基本法則。以下要介紹資料視覺化時，六個最重要的完形法則。

- 接近法則（Law of Proximity）
- 相似法則（Law of Similarity）
- 圍繞法則（Law of Enclosure）
- 閉合法則（Law of Closure）
- 連續法則（Law of Continuity）
- 接合法則（Law of Connection）

以下將逐一解說這些法則。

接近法則（Law of Proximity）

「接近法則」是把物理距離近的物體當作同一群組。只要物理距離接近，就辨識為相同群組。

此法則常用於使用行、列的表格中。例如只要在行群組或列群組之間適度地留白，讓同行或同列的元素距離相近，就會被當成同一個群組。右圖的**範例 1**就是兩個行的群組，下面的**範例 2**中，左邊是行的群組，右邊是列的群組。

■ 接近法則的範例 1

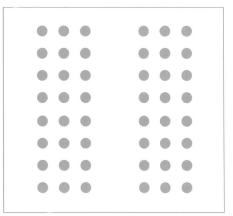

■ 接近法則的範例 2

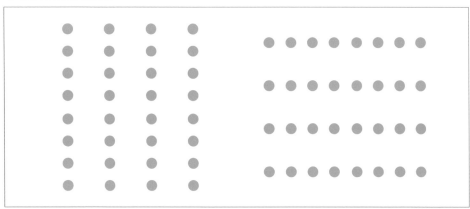

相似法則（Law of Similarity）

「相似法則」是指相同顏色、形狀、方向的物體容易辨識為同一群組。相似法則可以用來引導閱聽者的視線方向。

例如下一頁的圖中，就運用了相似法則，把同一列的圓點變成紅色，就能讓我們的視線自然地往列方向（橫向）移動。

這樣就不需要另外用文字補充說明「請往橫向閱讀」，可以完成簡潔的設計。

■ 相似法則的範例

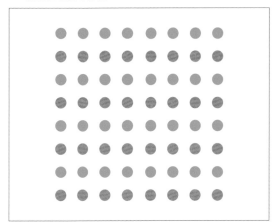

圍繞法則（Law of Enclosure）

「圍繞法則」是把被包圍的物體當作同一個群組。

由下圖可知，圍繞方式包括用框線包圍，或是改變群組化部分的背景色。

■ 圍繞法則的範例

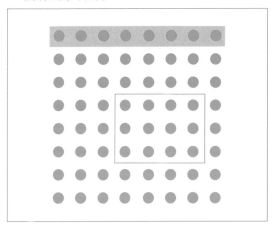

　　舉例來說，需要將預算與實績分開時，就可以活用這個法則，將資料分成被包圍的部分及其他部分，藉此表現內容的變化。

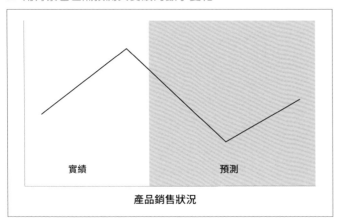

■ 用背景色區隔預測與實績的數字變化

實績　　　　　　　　　預測

產品銷售狀況

閉合法則（Law of Closure）

　　「閉合法則」是指就算看到不完整的形狀，我們腦中也會依既有印象自動代入為完整形狀的法則。例如下圖有兩個沒有閉合的形狀，但我們仍會看成完整的形狀，下意識地補上缺少的部分，使其看起來像印象中的圓形或四邊形。

■ 閉合法則

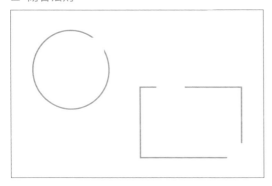

　　有些資料分析軟體預設會幫圖表的背景加上陰影，其實我認為沒有必要，因為有閉合法則的關係，即使圖表沒有加上陰影或是外框，閱聽者應該也可以理解「這是一個圖表」。舉例來說，我們看到座標軸與軸上的數據，即使沒有加上外框包圍，仍會自動辨識為一個圖表。

■ 沒有加上外框也能理解為一個圖表

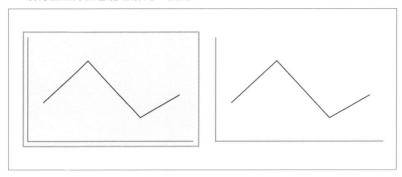

連續法則 (Law of Continuity)

「連續法則」與閉合法則類似，是指看到沒有明確連續的物體，會當作具有連續性來思考。例如下圖左邊的範例有各種解釋，但是很容易被當成兩條交叉的直線。

■ 連續法則的範例

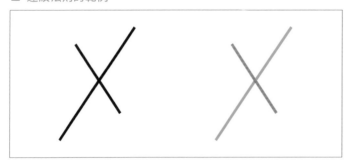

右圖是常見的長條圖。即使長條圖中沒有標示起點的座標軸，我們也會因為連續法則而認為都是以零為起點。

■ 連續法則與長條圖

接合法則（Law of Connection）

「接合法則」是指我們會把以物理方式互相連接的多個物體視為同一個群組。比起顏色、大小、形狀的相近，這種方式的連接性更強烈。

例如折線圖就是運用了接合法則，連接圓點、變成折線圖，就可以表現趨勢變化的關係。

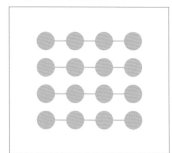

■ 在圓點之間加上線即可連接成折線圖

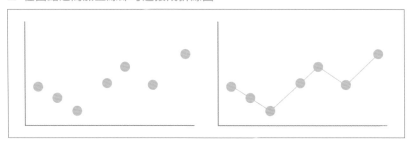

混亂狀態

「Clutter」在英文中是指沒有整理、亂七八糟的混亂狀態。資料視覺化有個重要的原則，就是必須避免這種「混亂狀態」。

這是為什麼呢？原因很簡單，混亂的資料無法提高閱聽者的理解力，只會讓情況變得更複雜。如果資料混亂，閱聽者將無法從視覺化內容感受到良好的體驗。

多數人看到雜亂無章的資料，都是直接略過，不會花時間分析也不會試圖理解，混亂的儀表板或視覺化資料註定會乏人問津。

試圖去除混亂狀態

瞭解了完形法則的你，應該有能力修改「混亂狀態」的圖表。

下圖左邊就是常見的「資料混亂」的長條圖，你是否也做過呢？

■　長條圖的修正範例

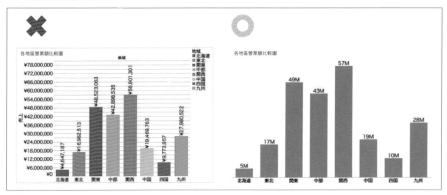

右圖比較清楚，對吧！我調整的部分如下所示。

- **刪除Y軸的座標軸標籤，直接在長條上顯示數值**
- **刪除多餘的框線**
- **由於X軸已標示地區，即可刪除地區圖例**
- **刪除外框**
- **減少長條圖的顏色數量**

看到這裡，你應該能瞭解我這些作法全都是為了降低認知負荷。

決定要刪除哪些部分時，重點是想讓閱聽者注意到什麼。在資料視覺化中，重視視覺屬性及資料類型，讓人瞬間瞭解重要的資訊，可說是關鍵中的關鍵。

本章的內容，都是瞭解資料視覺化的基本知識，對於剛開始接觸資料視覺化的你來說，可能會覺得內容較為專業而且份量頗多，不過只要你認真理解，應該就能「解讀」資料視覺化的真正意義。

過去你可能在公司或組織中，也曾做過資料視覺化的內容，即使感覺不太協調，也說不上為什麼。當你瞭解了各種資料視覺化的原則之後，就能用正確的邏輯說明為什麼這樣做比較好，為什麼這些表現較為恰當了。有了這些知識，你就能向周遭人員提出怎麼做資料視覺化才能變得更好等建議，同時也能提升自己的作品。

第 2 章

提升專業感的技巧

··

這一章要介紹的是只要稍加留意，就能大幅提升資料視覺化設計水準
的技巧。即使你尚未掌握整個資料視覺化的技術體系，只要學會本章
說明的技巧，應該可以製作出令人印象深刻且清楚的視覺化內容。

這一章介紹的內容對設計人來說應該非常簡單，涵蓋了資料視覺化的
過程中最基本的顏色、文字、版面設計。但是成果能否展現專業感，
取決於你能不能持續用簡潔的方式進行資料視覺化。

資料視覺化因為帶有「視覺化」三個字，你可能會誤以為要把所有的
資料都視覺化，看到自己創作出來的內容也覺得都看得懂。可是總有
「平常明明看過那麼多次，卻不瞭解為何這樣做」的部分，例如色彩
或框線等。如果能多注意這種「看過卻不太明白的地方」，或許就是
提高資料視覺化技術的關鍵。

2-1 顏色

顏色的基礎知識

對於資料視覺化來說，顏色是很強大的視覺屬性，卻很容易被誤用。這一節就會提供大家一些「運用顏色傳達訊息」的建議。

如果要用一句話說明最佳用色原則，那就是減少顏色數量。根據各項研究指出，人類一次可辨識的顏色數量最多是 8 色。

不過，我們在製作商用儀表板時，通常會將顏色數量控制在 4 色以下，這是因為一般認為若在商務文件上用到 8 色，辨識起來有很大的負擔。因此通常會大幅刪減顏色數量，有些情況也會只用 3 色來製作一個儀表板。

在資料視覺化的世界裡，你可能會發現大家常常把這些話掛在嘴邊，像是「Simple is Best」、「簡潔為上」等等。這個原則也可以套用在顏色方面。很多人常覺得運用顏色很困難，其實用色的重點應該是：要大膽地「不用顏色」。這個概念是從一開始就不打算使用顏色的「減法」，而不是「使用多少顏色」的「加法」。

回想你以前製作過的長條圖，是否曾經像下圖這樣配色呢？

■ 使用大量類別色的範例，顏色太多反而造成視覺負擔

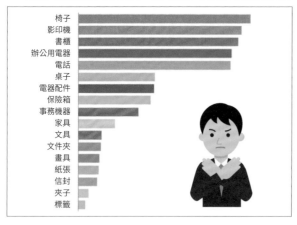

最近有很多數據分析工具及 BI 工具在顏色表現上十分靈活，功能也極具彈性，這會讓人忍不住使用太多顏色。如果沒有特殊理由，建議減少用色，維持簡潔。

■ 只用灰色的長條圖

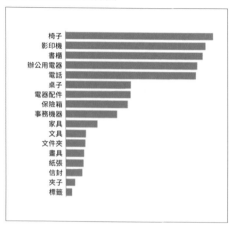

■ 使用少數色彩區分類別的長條圖

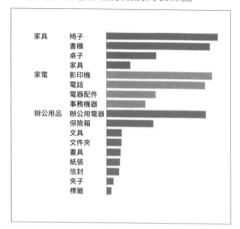

　　從上面這個例子可以發現，想要依照類別套用不同顏色時，即使只用 3 種顏色，仍然可以清楚地分類，且能保持畫面的清爽感。

　　即使上面不斷地說要「簡化」、「減少用色數量」，或許還是有人不曉得如何篩選顏色才好。

■ 灰階範例

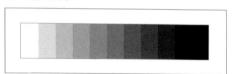

　　以下我就會將自己的用色技巧傳授給這樣的人。基本上，如果能以灰階色彩（黑、白、灰）為基調，應該就能維持簡潔風格。

　　對於簡報或設計中面積最大的背景區域，我會建議選用白色、淺灰色、黑色等。下一頁的圖表，就是以灰階色彩當作主要背景色的資料視覺化範例。

■「2018 年我的商務出差國家分析圖」（作者製作）

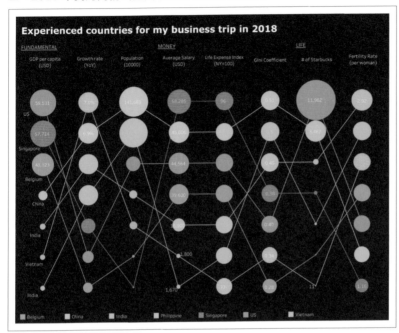

https://public.
tableau.com/app/
profile/yukari.
nagata0623/viz/Experi
encedcountiresformybu
sinesstripin2018/
Dashboard

■「多元化的餐廳食客」（Hesham Eissa 製作）

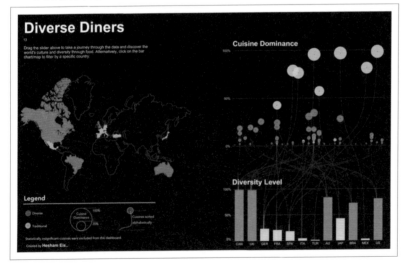

https://public.
tableau.com/app/
profile/hesham3827/
viz/DiverseDiners/
Balloons

■「科技工作者與舊金山市的驅逐問題」（作者製作）

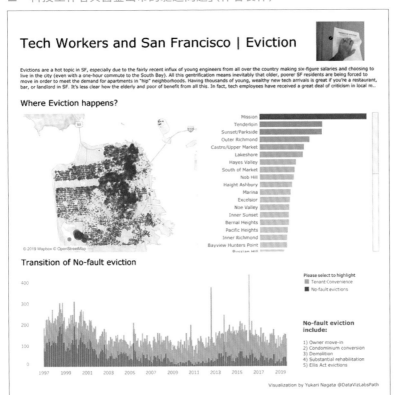

https://public.tableau.
com/app/profile/yukari.
nagata0623/viz/Makeover
Monday2019W39SanFrancis
coEvictionNotic
es_15694123948670/
SummaryDashboard

■「美國汽車事故的季節性趨勢」（Andy Cotgreave 製作）

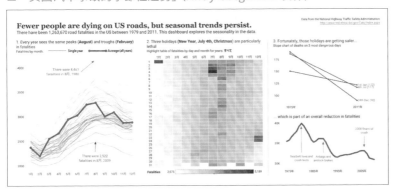

https://public.
tableau.com/ja-jp/
gallery/seasonal-
trends-us-car-
accidents

此外，面積最大的部分建議選擇以下顏色。

■ 6 種建議的基本色（背景用）

■ 以下這類沉穩色調也適合用在背景色

　　我們使用顏色，並不是為了把內容裝飾得很「花俏」。大多數優秀的資料視覺化作品都是只用少量顏色設計而成。

　　用色必須依資料視覺化的目的及用途來決定。例如要用顏色吸引閱聽者的注意，或是為了用顏色分類，還是要用顏色呈現規模（比較份量），用色方式就會不同。

　　比方說，使用強調色時，建議可以選擇以下這些顏色。

■ 強調色

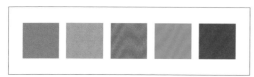

　　假設在許多資料中，希望單獨強調某一個類別的資料時，可以使用強調色。

　　以下這些也是強調色，它們還可以用於提醒、警告、通知等用途。例如，你希望掌握 KPI 是否達成，預算是否順利等，在需要特別提醒的地方使用這些顏色。

■ 用於提醒的顏色範例

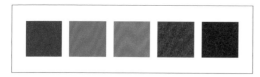

關於色彩運用的知識非常廣博，當然不只書上提到的這些。不過本書的目的並非教你配色的理論，而是希望今後要負責資料視覺化的商務人士或設計師，可以學會「馬上就能派上用場的作法」。

因此，當你不曉得該如何配色時，建議你參考以下這幾種調色板工具，可以快速產生多種符合需求的配色。

■ Adobe Color CC

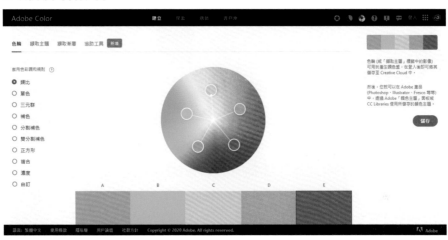

Adobe Color CC

https://color.adobe.com/zh/create/color-wheel

■ Tableau Color 100th

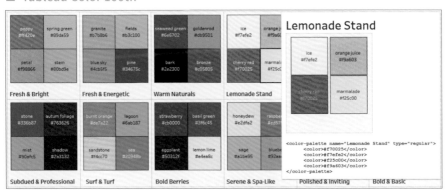

Tableau Color 100th（Neil Richards 製作）

https://public.tableau.com/ja-jp/gallery/100-color-palettes

當你選定幾種顏色來搭配後，還需要決定每一種顏色的比例大小。接下來將解說配色比例基準，包括基本色（用於背景色或是面積最大的部分）、主色、強調色。我這裡的說明並非絕對原則，你可以把右圖中的比例當作參考準則。

■ 適當的配色比例基準

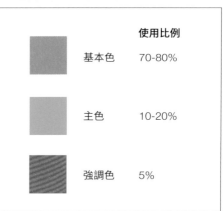

	使用比例
基本色	70-80%
主色	10-20%
強調色	5%

　　基本色是指背景色或是在儀表板中面積最大的顏色。有些資料視覺化的表現方法是沒有背景的，那麼基本色應該是作品中所佔面積最大的顏色。

　　若是商務用的資料視覺化作品，建議將顏色數量盡量控制在 3～4 色，想要增添變化時，可利用「彩度」來調整。彩度就是指該顏色的「鮮豔」程度。一般而言，高彩度能展現出鮮豔、生動的色調，而低彩度屬於沉穩內斂的色調。

■ 彩度

低　　　　　　　　　　　　高
沉穩　　　　　　　　　　　鮮豔

　　顏色是非常方便的工具，能讓人注意到重要的內容，快速傳達訊息。只要用顏色突顯某部分，就可以讓閱聽者優先注意到該處，並直覺認為該處的訊息很重要。

　　可是常常會看到儀表板使用了過多的顏色。把大量顏色放在同一個儀表板上面，這就像是製造出許多噪音。噪音愈多，閱聽者愈容易迷失而無法看到重點。

　　因此，當你完成一份資料視覺化作品，建議你先客觀審視看看。問問自己：是否真的該使用這種顏色？需要用到這麼多顏色嗎？

2-2 文字

　　前面提到，所謂的資料視覺化並不是只有製作圖表。有效地運用「文字 (text)」也是資料視覺化的一部分，包括標題、副標題、標籤、頁尾等處，都會用到文字。適當的文字可以幫助閱聽者理解，讓你的資料視覺化效果變得更強大。

　　這一節我們將學習在進行資料視覺化時，如何有效運用文字的效果。

文字的功能

　　在資料視覺化中，文字其實肩負了許多任務。前面我們曾經提過，如果只是堆疊大量數字圖表，可能有些人會因此認為「資料視覺化就只是在做圖表？」

　　視覺化資料中一定會用到許多文字，過去你可能不經思考就隨意編排它們，例如隨便選個字體來製作座標軸的標籤，因為你使用的工具或軟體就是這麼設定。不過事實上，文字應該有以下這些功能。雖然有部分功能可能會重複，但是為了方便讓大家理解，我還是將功能細分出來。

- 將主題清楚顯示
- 替內容加上標籤
- 提示與引導操作
- 強調
- 說明
- 補充說明前後關係
- 補充說明細節

　　別因為你使用的工具或軟體預設有文字就隨意置入，必須思考文字的作用，妥善拿捏分寸，這樣才能確實傳達訊息。

　　比方說，在某些儀表板上根本找不到引導閱聽者的操作說明。會出現這種情況，可能是因為當你在分析資料、進行視覺化時，已經忘記初次看到這些資料的感覺。因為你自己瞭解，就以為受眾也明白。閱聽者如果是第一次看到這種儀表板，通常不曉得該如何操作。這一節我們就要學習重視閱聽者的感受，不可忽略他們腦內的思考過程，要正確且有效地透過文字傳達我們的意圖。

請見下圖。這是在重視上述文字功能的前提下，活用文字的資料視覺化範例。

■「去熱門的新年參拜景點拜拜，會得到什麼好運？」(Yoshihito Kimura 製作)

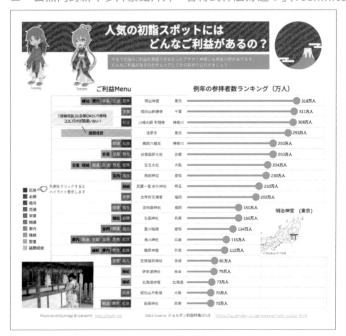

https://public.tableau.com/
app/profile/yoshihito.kimura/
viz/2_2310/1

這個範例使用了以下這些技巧。

- 用標題文字清楚地說明主題，讓閱聽者瞭解這是什麼資料
- 用副標題文字補充說明資料內容概要
- 用標籤文字列出詳細資料。利用適當的文字大小，維持簡潔感
- 利用註釋文字補充細節
- 貼心引導閱聽者執行操作 (點擊)

接著一起來看看其他代表性的文字功能之活用範例。

在視覺化資料中，要用標題文字清楚說明主題，這點非常重要，主要功能是傳達「這是什麼內容的分析資料」讓閱聽者一看就知道。

請見右圖。

標題是 Iraq's bloody toll（伊拉克戰爭的傷亡人數）。從這張資料視覺化的圖來看，紅色長條圖以上方為起點、往下延伸，以鮮血往下流的視覺來傳達。

這個視覺效果與標題「伊拉克戰爭的傷亡人數」非常契合。

■「伊拉克戰爭的傷亡人數」

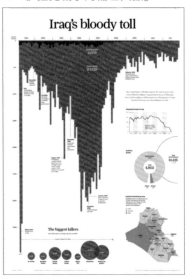

「Iraq's bloody toll」（Simon Scarr 製作）

http://www.simonscarr.com/iraqs-bloody-toll

如果試著改變這張圖的標題，例如：「Iraq:Deaths on the Decline」（伊拉克戰爭：死亡人數逐漸下降），並且配合這個主題，將向下延伸的長條圖反轉為向上延伸，同時調整顏色，就會傳達出完全不同的訊息。

■「伊拉克戰爭：死亡人數逐漸下降」

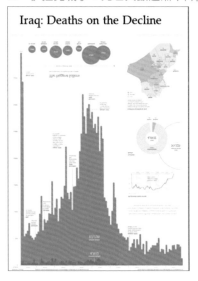

「Iraq:Deaths on the Decline」
（Andy Cotgreave 製作）

https://www.infoworld.com/
article/3088166/why-how-to-lie-with-
statistics-did-us-a-disservice.html

從上面的範例可知，就算使用同一份來源資料，如果改變標題及顯示方式，主旨就會產生變化，而閱聽者所接收到的訊息也必定會不同。

在上一頁中，前面的例子在強調戰爭的殘酷，而後面的例子卻可以解釋成犧牲者逐漸減少的正面訊息。根據主題來進行資料視覺化是非常重要的工作，因為閱聽者會透過清楚的主題來理解這份資料的內容。

上面這個案例非常有名，它強調了標題的重要性，讓我們知道在資料視覺化時，不僅標題要明確，還要「讓想傳達的訊息一清二楚」。

有效的標題和副標題

在一份資料中，標題是閱聽者第一眼看到的部分，這也是最初的機會，讓閱聽者理解你想用資料視覺化做什麼。標題必須讓人明白你想用這份資料做什麼，並且要包含關鍵訊息。就算使用相同的資料，如果用不同的分析方式，就應該要下不同的標題。舉例來說，有些作品適合疑問型的標題，也有些標題會向閱聽者提出挑戰。但是不論用哪種標題，都不能讓閱聽者誤解內容。

標籤 (label)

標籤 (label) 在視覺化圖表上有參考的功能，只要顯示出文字標籤，就算刪除格線或座標軸也還是能看懂。如果不想額外加上註解，可以個別顯示具體數字的標籤。

加上標籤後，就能刪除所有框線，維持簡潔印象。

■ 顯示標籤

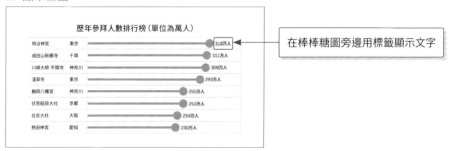

BANs (Big Ass Numbers)

「BANs」的意思是「將重要內容放大顯示」。請見下圖。

■ 日本都道府縣人口消失預測圖（LM-7 製作）

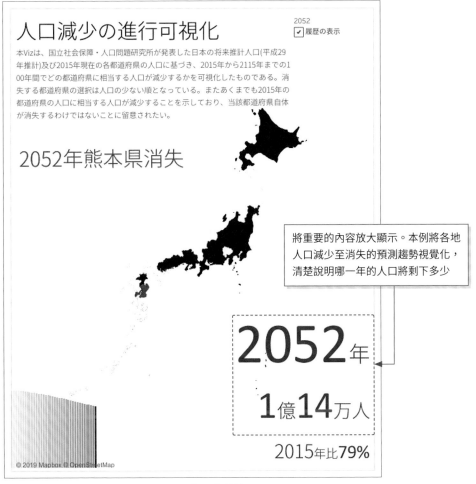

在資料視覺化時，將重要的內容「放大」顯示，是簡單又實用的技巧。因為突顯重要指標，能將閱聽者的注意力直接引導到具體的成果或是數字上。透過 BANs，可讓人優先注意到具體的數字，更想檢視視覺化圖表，深入瞭解資料的用意。

日本都道府縣人口消失預測圖（LM-7 製作）
https://public.tableau.com/app/profile/lm.7/viz/2722/1

59

接下來要說明活用「BANs」的四大技巧。

- **利用較大的字體顯示重要的指標，盡可能發揮最大的效果**
- **加上顏色**
- **製造動態效果**
- **充分留白**

下圖是有效運用 BANs 的另一個範例。

■「美國前 30 大速食連鎖店」(Daniel Ling 製作)

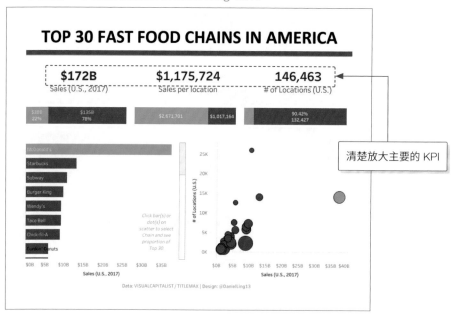

https://public.tableau.com/app/profile/sumit.gadgilwar/viz/
Top30FastFoodChainsinAmericaMakeoverMonday/Dashboard1

在圖表的上半部用文字清楚顯示金額與數字，直接傳達重要的內容。

■「DS19s FIRST TRAINING DASHBOARD」(Andy Kriebel 製作)

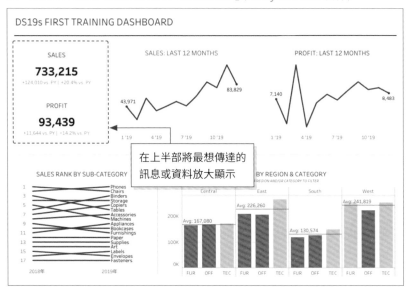

https://public.tableau.com/app/profile/andy.
kriebel/viz/DS19FirstDashboard/Dashboard1

字體的選擇

　　平常你都如何挑選字體呢？不同裝置或操作環境中，可以使用的字體可能會不太一樣，而且也有人會特別安裝自己喜歡的字體吧！此外，在某些工具中，也會提供內建的特定字體。

　　這裡就以我平常用來做資料視覺化的軟體「Tableau」為例來說明。Tableau的預設字體已經最佳化，因此非常適合資料視覺化，讓內容在網路上呈現時，即使是小字級也具有良好的可讀性。

■ 在 Tableau 中挑選字體的畫面

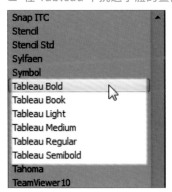

　　你也可以用相同標準來檢視你的圖表工具，確認字體是否符合以下幾點。

- 在瀏覽器上容易閱讀
- 使用較小的字級時仍有良好的可讀性

　　此外，上一節曾建議大家減少「顏色」的數量，那麼字體的數量呢？字體的數量當然也要盡量減少。

　　如果是商務用的資料，字體種類最好控制在兩種以下。我在介紹顏色時說明過，人類會下意識地探索「不同事物」的意義，這點在說明視覺屬性也曾提及，若使用過多的字體同樣會造成混亂感。若站在設計的觀點，太多字體會影響一致性，給人瑣碎的感覺；同理，字體大小建議控制在四種以下。

　　雖然建議你限制字體種類和大小，但還是可以製造變化。你可以參考下圖，透過字體樣式來強調，這樣就可以在維持字體一致性的狀態下，製造出不同變化。

■ 使用了粗體或斜體後，字體印象的變化

Century Gothic Light
Century Gothic Bold
Century Gothic Italic

　　附帶一提，我個人比較常用的字體是「Century Gothic」，國外的專業使用者也大多使用這套字體。以下就提供幾種我個人推薦、適合用在資料視覺化的字體。

- Arial
- Trebuchet MS
- Verdana
- Times New Roman
- Lucida sans

- Consolas
- Segoe UI
- メイリオ（Meiryo）
- ヒラギノ角ゴシック（Hiragino KakuGothic）

文字也是有效的資料視覺化工具

應該有人製作過右邊這種圖表吧？

明明只需要比較兩項資料，但是兩根長條卻佔滿了整個版面。

■ 只有兩種資料需要比較的長條圖

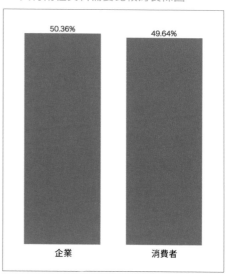

上面的圖表並不算錯誤，但是考量到閱聽者最想知道的內容應該是百分比，而且要比較的項目只有兩個，其實可以用簡潔的文字直接呈現數據，如右圖。

■ 直接用文字呈現

2018 年營業額的比例（依顧客來區分）

| 企業 | **50.36%** |
| 消費者 | **49.64%** |

此外，我們再根據閱聽者的需求以及傳達目的來調整，也可以顯示成右圖。這種表示方法也適合用在宣傳海報。

■ 文字的表現範例

2018 年營業額中

50.36%

的比例是「企業」

以下列出其他表現具體數字的範例。呈現數字的方法有以下幾種。

■ 呈現具體數字的範例

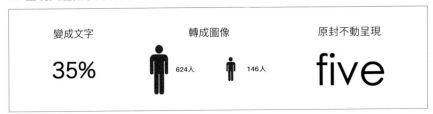

變成文字	轉成圖像	原封不動呈現
35%	624人　146人	five

以下這種方式也很常見，是將資料表中部分文字改變背景色並反白，以突顯數字差異。不僅呈現出具體的數字，也利用深淺顏色表現相對程度，可以一目瞭然。

■ 反白顯示表

	2015	2016	2017	2018
1月	2,042,420	1,950,361	2,787,258	3,542,034
2月	1,407,871	3,316,744	2,721,069	3,347,116
3月	2,112,334	2,860,588	3,836,207	3,615,664
4月	2,123,452	2,045,959	4,054,866	4,047,938
5月	4,411,742	6,770,773	8,456,625	7,598,056
6月	4,740,920	5,919,439	6,134,068	7,467,338
7月	2,855,201	2,047,179	2,554,427	4,231,340
8月	3,347,774	6,480,465	7,228,268	8,752,818
9月	3,858,979	5,044,205	5,976,359	8,881,966
10月	4,570,003	6,108,266	5,796,954	7,377,962
11月	3,441,825	6,161,479	6,337,346	5,912,118
12月	2,958,860	5,694,105	6,137,488	8,110,618

如上所示，在資料視覺化中，只顯示數字的方法在很多情況是有效果的。

例如用文字表現 KPI 等數值時，可以使用「↑」、「▲」等符號來表示上升，善用這種能讓人瞬間瞭解的技巧，是很重要的關鍵。

此外，只使用文字呈現內容時，字體的設計將有強烈的影響力，因此在選擇字體時，必須特別留意。

■ 善用「符號」來表示趨勢

Conversions

3,943

▼ 5%

運用文字時，還有一個關鍵，就是要「控制資訊量」。

文字的表現有無限多種選擇，包括要完整顯示詳細的數字標籤？還是設計成某種圖表類型？或者改用標籤顯示？還是要先隱藏數字、等游標移上去才顯示？等等。

思考要用哪個選項的呈現方式最好時，得先徹底瞭解閱聽者的想法。詳細的內容將在第五章進一步說明。

徹底瞭解閱聽者，仔細斟酌文字，一定可以讓資料更明確，清楚傳達你的意圖。

假如去掉文字也不會對你想傳達的訊息造成影響，那就務必將其刪除。盡量捨棄多餘的內容，效果會更好。

專欄　**先求有再求好：重視製作資料的速度勝過完美**

使用 BI 類的分析工具來製作資料視覺化，最大的優點是可以快速產出結果，即使內容錯誤也能立即修正更新，保有嘗試錯誤的彈性，是很大的優勢。

可惜許多人尚未發現這種方便性。還沒輸出資料就猶豫再三，或是在將資料做出來以前，花太多時間在反覆修改外觀。

為什麼快速產出結果這麼重要？因為產出結果才是「具體的」。即使這份資料的品質普通，即使你沒有自信，也請先做出來。因為如果沒有具體的內容可以討論，就無法收到具體的回饋來修改。

沒有具體的結果，就無法具體討論是好是壞。因此，要重視產出具體結果的速度，這才是資料視覺化的價值所在。價值永遠存在於具體的事物中。

2-3 版面

　　長期以來都有相關研究，想知道人們觀看儀表板時如何移動視線。右圖是 BI 軟體公司「Tableau Software」的市場研究＆設計團隊，他們正在研究「眼動追蹤（Eye Tracking；又稱視線追蹤）」系統呈現的狀態。

■ 透過眼動追蹤系統研究視線

上圖引用自「眼動追蹤（視線追蹤）調查：有助於全球資料設計師的五項調查結果」

URL https://www.tableau.com/about/blog/2017/6/eye-tracking-study-5-key-learnings-data-designers-everywhere-72395

■ 視線順序研究（依照視線的瀏覽順序加上數字）

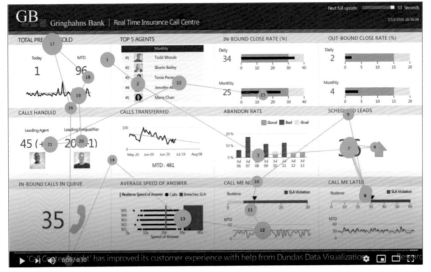

https://www.tableau.com/about/blog/2017/6/eye-tracking-study-5-key-learnings-data-designers-everywhere-72395

■ 觀看網路文章時的視線研究（將視線集中的區域顯示為紅色）

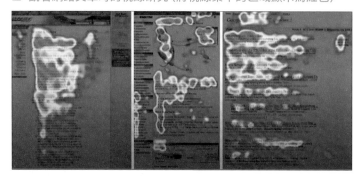

■ 觀看儀表板時的視線研究（將視線集中的區域顯示為紅色）

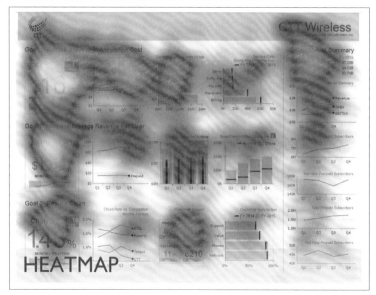

https://www.tableau.
com/about/
blog/2017/6/eye-
tracking-study-5-key-
learnings-data-
designers-
everywhere-72395

　　看過這些資料後，你有沒有發現，視線的移動方式大致就像英文字母「F」。由此可知，製作儀表板時的排版策略，就應該如右圖所示。

■ 儀表板的排版策略

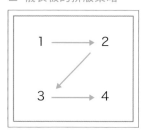

　　若能依上述原則來製作儀表板，就能盡量減少閱聽者的負擔，讓對方理解內容。

　　歸納一下前面說明的內容，商用儀表板的排版策略如果能依照下圖來安排，應該就能完成風險較低的基本版面。

■　風險較低的版面範例

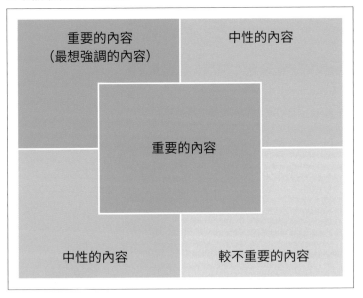

　　當然，排版的優先順序會隨著不同觀點及整體設計而改變，但是建議把上述原則當作大方向來掌握，就不會增加閱聽者的認知負荷。

　　在資料視覺化領域的競爭中，也有許多把「重要內容」放在正中央的大膽表現。但是若在商務場合，建議把重要的內容放在左上方，並以四分割的方式安排版面，會比較適合。

2-4 框線

「減少框線」這個技巧雖然簡單，卻能在一瞬間讓你的資料視覺化變得更專業。不論你使用哪一種資料視覺化工具，通常在預設狀態下，都會加上一大堆框線吧！其實只要稍微調整一下就可以了。

首先，請見下圖。

■ 常見的過多框線表格範例

訂單編號	產品名稱	營業額
JP-2019-1048795	KitchenAid 瓦斯爐 銀色	¥532,840
JP-2019-2030706	NOKIA 充電器 藍色	¥508,848
JP-2017-1750422	Novimex 扶手椅 可調整	¥460,440
JP-2017-2057127	Barricks 會議桌 黑色	¥423,304
JP-2017-2567518	Breville 冰箱 銀色	¥416,064

上圖當然可以傳達必要的訊息，但是如果能刪除不必要的框線，並且擴大行距，就能給人更簡潔、專業的印象。

■ 調整後的範例

訂單編號	產品名稱	營業額
JP-2019-1048795	KitchenAid 瓦斯爐 銀色	¥532,840
JP-2019-2030706	NOKIA 充電器 藍色	¥508,848
JP-2017-1750422	Novimex 扶手椅 可調整	¥460,440
JP-2017-2057127	Barricks 會議桌 黑色	¥423,304
JP-2017-2567518	Breville 冰箱 銀色	¥416,064

長條圖也適用這個原則，請見下頁的圖表。

■ 常見的長條圖範例

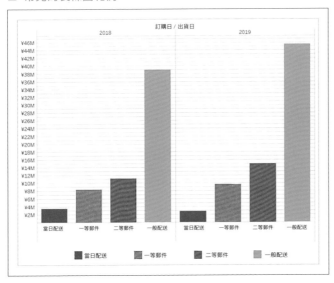

若將上圖中過於詳細的框線加以調整，成果如下圖所示。

■ 以適當寬度調整框線

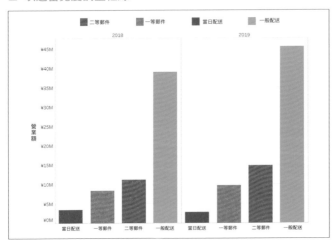

　　擴大刻度的寬度，可讓整個圖表顯得清爽。你使用的工具預設應該會加上框線，
但是只要在完成之前花一點心思調整，或許就能扭轉整張圖表給人的印象。

第3章

依目的選擇圖表

· ·

這一章要概略解說資料視覺化中的各種圖表類型和適用範圍。只要能瞭解各種圖表最適合的「目的」，可協助你決定該如何把資料視覺化。

許多人在將資料視覺化時，總是不自覺地選擇軟體預設的圖表類型，覺得好像沒問題就套用了，可是心裡又覺得「有點不太對勁」，應該很多人有過這種經驗吧！看過本章之後，應該能更瞭解各種內容適合的圖表類型，可以更有效地把你所想的訊息傳達給閱聽者。

長條圖、折線圖是最常見的圖表類型，當然會介紹，同時本章也會再介紹一些較少見的圖表類型。如果有你原本不熟悉的圖表，希望你在透過本章加以瞭解之後，可以建立自己心中的「資料視覺化目錄」。未來當你想不到好的視覺化表現方法，或是感覺迷惘時，請把這一章當作靈感來源或參考資料，重新翻閱裡面的內容。

3-1　視覺化分析循環

在開始解說「如何依目的選擇圖表」之前，我想先跟大家說明一個概念，那就是視覺化分析循環（Cycle of Visual Analytics）。

所謂的「視覺化分析」，是指妥善運用本書介紹的視覺化（Visual）手法，有效地分析（Analytics）資料。這個方法可以發揮資料視覺化的威力並深入分析，能輕易發現意料之外（原本無法從資料判讀出來）的事情，獲得對資料的洞察力。

那麼，當你想透過資料去瞭解某件事時，應該先從哪裡開始著手？

答案是設定問題。

「我為什麼要分析資料？」如果沒有先確定分析的目的，不知道為什麼要分析，則在開始分析之後，一定會在過程中迷失方向。

不過，先設定問題，並不代表該問題的答案就是探索資料的終點。從最初的問題開始，運用資料視覺化去分析，過程中一定會再產生新的問題或是更精準的問題，這意味著資料探索是一趟永無止境的旅程。

事實上，視覺化分析的過程並不是線性發展。比方說，你要尋找可以解決使用者問題的相關資料，準備進行分析。可是，實際分析之後，卻發現還需要其他資料，因此你回溯前幾個步驟，重新取得進一步的資料，然後進行新的資料視覺化，並且獲得新的觀點。像這樣反覆回溯和分析的過程，就是我所說的視覺化分析循環。

下一頁的圖表就是視覺化分析循環的過程。如同你看到的，這種循環並非線性，而是反覆來回發生的。

■ 視覺化分析循環

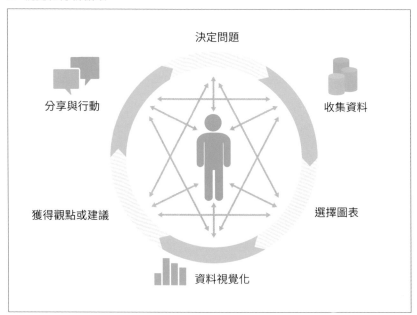

　　傳統的分析方式大多是屬於「瀑布式」(Waterfall) 的流程，如瀑布般從上往下，依固定的順序進行，例如必須從收集元素開始、開發、測試、最後建立里程碑。「視覺化分析循環」則與瀑布式流程不同，要發揮人類與生俱來對知識的好奇心與創造力，不必拘泥於固定順序，可隨時產生新的疑問，並導出更精準的問題、發現新的洞察，讓原本「模糊」的假說更加清晰。這是為什麼呢？

　　因為人類在看到具體的內容時，才能做出具體的判斷。

　　接下來就要說明如何依目的選擇圖表。
　　從上面的視覺化分析循環圖來看，本書中所謂的「資料視覺化」，就是該圖中的「選擇圖表」、「資料視覺化」這兩個部分。接下來的 3-2 到 3-10 各節，將會分別舉出各種「目的」來解析如何選擇「符合該目的之圖表」。只要能為資料選擇適合的圖表，便可以加快視覺化分析循環的速度。

3-2 表示數量

要比較數量時，一般都會用長條圖（直條圖或橫條圖）。長條圖有各種表現方式，但是通常會直接表示數量（數值），而不是計算的比例或百分比。

長條圖

長條圖（Bar Chart，也稱為柱狀圖）是比較商品或數量多寡時，最常見的方法。長條圖分成直條圖與橫條圖，直條圖通常用來表現數量的變化，而橫條圖可將類別名稱寫在橫條內，當類別名稱較長時，用橫條圖表現比較方便。請依狀況選擇。

■ 橫條圖範例

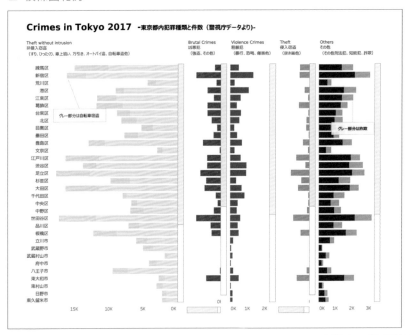

「Crimes in Tokyo 2017 東京都內各區犯罪種類與件數比較表（資料來源為東京都警視廳）」（作者製作）

https://public.tableau.com/app/profile/yukari.nagata0623/viz/CrimesinTokyo2017-Usingbar-/CrimesinTokyo

長條圖用來比較各種事物的數量都很方便,但是在製作長條圖時,有個必須遵守的原則,那就是長條圖的起點一定是零。

　　這是為什麼?讓我們來進一步探討長條圖。

■ 長條圖的結構

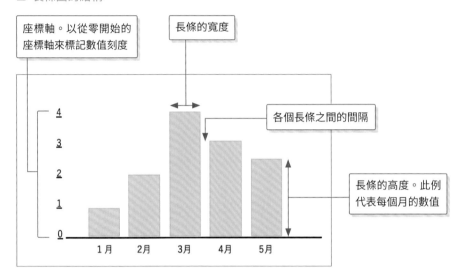

　　上面這個長條圖的 Y 軸標示了刻度,而長條的「高度」代表每個月的數值。

　　比方說,1 月的長條高度是一個單位,最高的 3 月是四個單位,這點非常重要。

　　這個長條圖的數值使用的視覺屬性是長條的「高度(長度)」。數值愈低,長條就愈低;數值愈高,長條就愈高。3 月的長條是 1 月的四倍,2 月的兩倍。

　　假如這個圖表的刻度不是從零開始,而是從 1 開始,結果會如何呢?請見下圖。

■ 刻度從 1 開始而非從零開始的長條圖

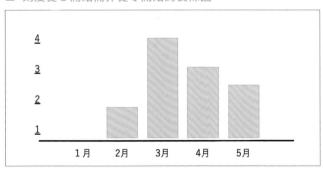

　　仔細觀察上面的圖表，3 月的長條高度已經不是 2 月的兩倍，而且 1 月的數量已經消失了。這樣一來你就知道當起點不從零開始會變成什麼狀況了吧！這個圖表將無法反映真實的狀態。

　　因此，長條圖的起點必須從零開始，否則高度的關係會變得不正確。

　　長條圖是能表現數量多寡，非常好用的圖表類型，不過在使用時，請注意「起點要從零開始」。另一方面，若把圖表變成 3D，起點也不會從零開始，如下圖所示。所以長條圖並不適合轉成 3D 的效果。你應該看過下圖這種情況吧？

■　請勿將長條圖變成 3D

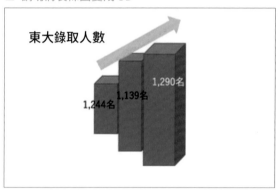

　　明明前兩年的錄取人數變少了，但是長條的高度看起來卻變高了。

　　當你「希望在客戶面前交出漂亮的數字」、「想呈現業績成長」、「想營造成績變好的感覺」，卻製作出上面這種圖表時，這可能會讓人誤認為你是為了強調要傳達的訊息而刻意誤導，結果失去客戶對你的信任感。

　　這裡要提到另一個重點，資料視覺化必須根據實際的數字資料來製作。

　　的確有些人是不管「資料」，而是以「感覺」來製作圖表的，或許有人曾在廣告或電視的字卡看過。這也許是不曉得資料視覺化的方法，或是單純的失誤，甚至是為了要炒熱氣氛而做。無論如何，當負責資料視覺化的人這麼做之後，往往會失去他人的信任，請千萬別這麼做。

右邊的範例也是如此。這個長條圖雖然寫著「減少 24%」，但是看起來至少下降了 60% 以上對吧？

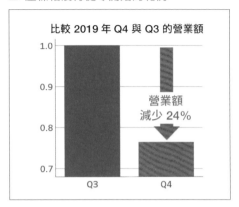

還有一種手法是在刻度上添加波浪型的省略線，也會發生類似的問題，請見右圖。

圖中使用波浪型省略線，省略垂直軸的部分刻度。但是該長條圖是以「長度」來比較的圖表，一旦省略了刻度，就會破壞原意，所以最好避免使用波浪型的省略線。

此外，也有一些長條圖是以三個元素分析切入點的情況。例如右圖中的垂直軸、水平軸、高度軸刻度都能用於表現數量。這種圖表通常可以使用「顏色」取代「軸」來代表元素。

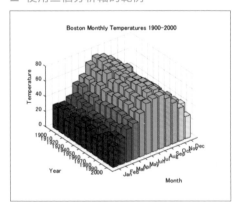

波士頓每月氣溫圖表：1900-2000年

https://kr.mathworks.com/matlabcentral/mlc-downloads/downloads/submissions/35274/versions/3/previews/html/Bar_Plot_3D.html

　　下圖中，我們重新排列上一頁的「波士頓每月氣溫」圖表，這裡是使用顏色而非高度來代表溫度。剛才的圖表是 3D 的，看不到裡面的部分內容，但是像下圖這樣使用顏色，以垂直軸代表年度變化、水平軸顯示每月變化，在觀看時就比較不會被時間影響，而能立刻瞭解溫度的變化。

■ 使用「顏色」改善「Boston Avg Monthly Temp」圖表 (Larry Silverstein 製作)

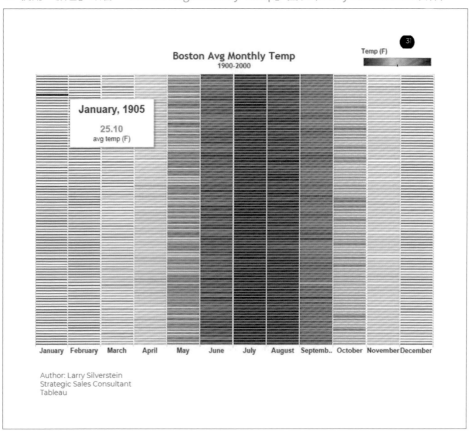

此外，如果你希望閱聽者可以從直條圖一眼看出數量多寡，通常以垂直方式顯示為佳，但是垂直顯示的直條圖，標籤設計經常發生問題。

你應該看過以下這種長條圖吧？

這種標籤會讓人想歪著頭檢視吧？

在比較各類別的數量時，標籤上顯示的名稱必須降低認知負荷，這點非常重要。但是我們常會看到傾斜文字的標籤，或是不符一般習慣的標記方式，這通常是因為沿用了圖表工具的預設設定。請重新思考這是否會造成閱聽者的理解難度。

■ 旋轉標籤方向的範例

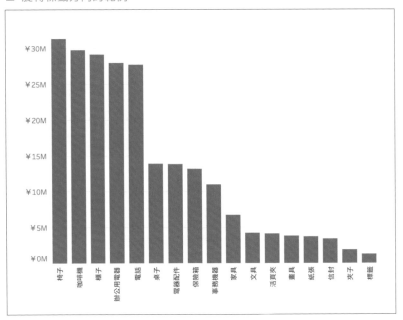

特別是在大型組織內使用的文件，或是要提供給客戶的資料，都必須格外用心。專家製作的圖表絕對不會使用傾斜的標籤，那會讓作品呈現出「素人感」。

倘若你使用的圖表工具只能產生這種標籤，建議可將圖表改成橫條圖，標籤就會自然變成水平排列，內容也會顯得清爽好讀。

■ 改成水平方向的橫條圖

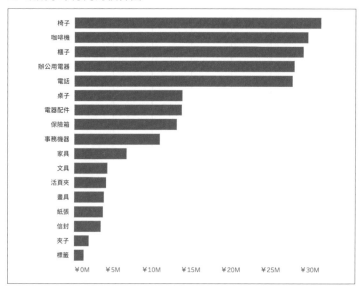

此外還有一點也很重要，不論是直條圖或橫條圖，都必須注意到「順序」。通常你看到的長條圖都是隨意排列，沒有順序。你使用的工具在預設狀態下，可能會以英文字母的順序來排列標籤，若非英文圖表，就會看不出順序的意義。

■ 排列順序沒有特殊意義的長條圖

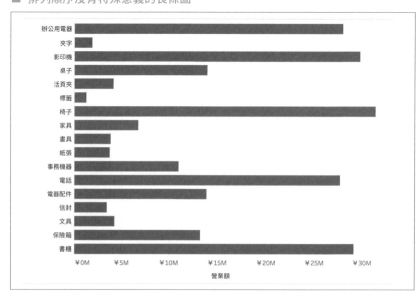

這種狀況下，建議重新安排，將資料排序，才能讓圖表變得清楚整齊。

不過也有某些特殊情況，並不適合將資料或分析軸重新排序。比方說，下圖這種與年齡有關的圖表，其性質不應該遞減排序，因為年齡的順序很重要。

■ 依照年齡排序

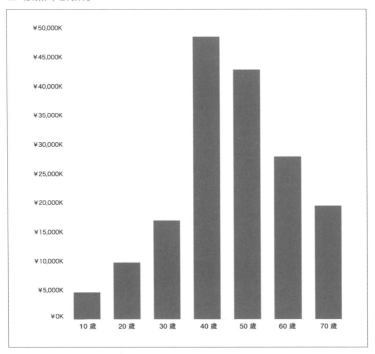

處理年齡這種本身就有順序的類別時，一旦重新排序，反而會造成混淆。

長條圖的注意事項

* **起點要從零開始。**
* **不要用 3D 效果。**
* **注意長條的順序。如果是沒有指定順序的類別，可設定成遞減或遞增排序。**

同時顯示兩種以上的長條圖

如果要同時比較多個類別，使用以下這種樣式的長條圖也會很方便。

■ 使用兩種長條的圖表範例

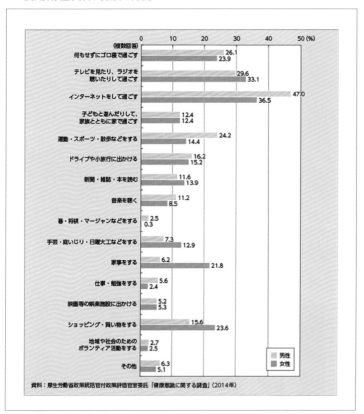

資料：厚生労働省政策統括官付政策評価官室委託「健康意識に関する調査」(2014年)

引用自「2014 年版日本厚生勞動省白皮書：健康、預防元年」
https://www.mhlw.go.jp/wp/hakusyo/kousei/14/backdata/1-2-3-25.html

不過，在並排長條圖時，若超過三種，容易造成認知負荷，請特別注意這點。

填充氣泡圖

　　填充氣泡圖（Packed Bubble Chart）是泡泡圖的延伸運用。泡泡圖的特色是可以讓資訊緊密排列，不會擴散成網格狀。重點是能在小空間中顯示大量資料，但並不適合用來檢視精密的差異。

想瞭解整體數量的多寡，而不在意比較對象的細節差異時，適合使用這種圖表。

下圖就是活用了填充氣泡圖的「泡泡」（圓形）特色，把圓形泡泡當成葡萄顆粒，以可愛的視覺化方式呈現紅酒、白酒的葡萄品種所佔的土地面積。

■ 填充氣泡圖的使用範例

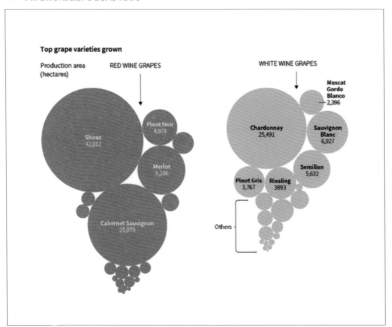

 「葡萄的期望：葡萄品種分布圖」作者：S. Scarr、C. Chan和F. Foo（引用自路透社）
https://uk.sagepub.com/en-gb/eur/big-data-statistics-digital-methods/data-visualisation

此外，還有一點也很重要，就是每個泡泡是用「面積」來比較，而不是用直徑。填充氣泡圖的形狀不見得都要用圓形，若有特殊需求，也可改用四邊形或三角形。但是建議最好選擇圓形（泡泡），因為圓形更容易比較面積，而且能密集排列。

子彈圖

子彈圖（Bullet Chart）適合用來呈現某個目標達到多少程度。具體而言，適用於顯示進步的比例、效能達到的百分比。用來比較資料也很方便，例如預算與實績。

子彈圖能立即判斷某項目是否達到某個點，非常實用。相同用途也可用圓形圖、環形圖、量測計圖，但是子彈圖更容易與臨界值做比較，而且表現較為直接。

■ 子彈圖的範例

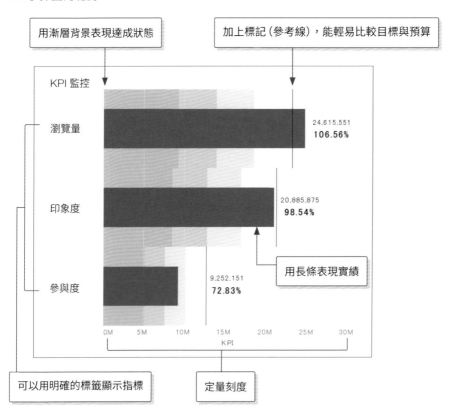

棒棒糖圖

棒棒糖圖（Lollipop Chart）是長條圖的延伸運用，在狹窄空間內排列大量長條，長條的部分為細線，並且在前端加上小圓形。長條圖是簡單、萬用的圖表，但有時會讓人覺得太單調。在思考資料視覺化時，簡單、直接的表現非常重要，不過外觀上的美感也不可忽略。你費盡心血完成的圖表，如果讓閱聽者感到枯燥乏味，對方可能只看一眼就拋諸腦後，這樣就無法傳達重要的訊息了。

為了提升長條圖的美感，就可以改用
這種棒棒糖圖來增添變化與巧思。這種
圖表讓人覺得可愛，而且在長條前端的
圓形還能加上數字或資料。

■ 棒棒糖圖的範例

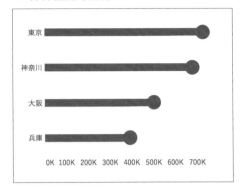

雷達圖

雷達圖（Radar Chart）適合用在想同時呈現多個變數的情況，常運用在各領域。
但是倘若元素較多，例如要重疊多層雷達圖時，最好避免使用這種圖表。

右圖是人格特質分析雷達圖，引用
心理學中的五大性格特質（Big Five
personality traits）並加入一個自訂項目
來分析，用來表現一個人的人格特質。

雷達圖經常用在人力資源領域，例如
利用資料做人力分析。使用時，如果能
在平均值的基準分數上添加醒目的標記
（右圖是用紅色線），讓目標對象的實際
分數稍微透明，會更容易檢視及理解。

■ 雷達圖的範例

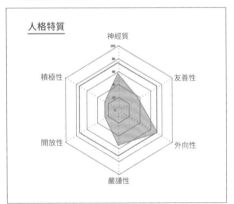

點陣圖

點陣圖（Dot Matrix Chart）是用點（dot）代表每個資料點，並用點的數量來比較
量的多寡，可以取代長條圖，使用時建議用顏色區分不同元素，會比較容易理解。

■ 點陣圖範例

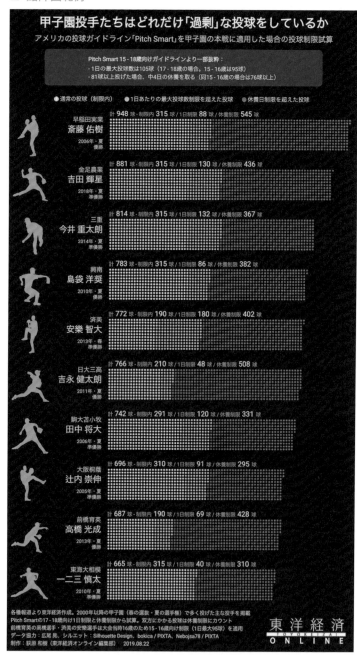

「統計甲子園的球員有多少
人『過度』投球」2019.8.22
（東洋經濟 ONLINE）

https://toyokeizai.net/sp/
visual/tko/overpitching/

3-3 表示比例

以下要介紹的圖表，適用於檢視一份資料如何分割、某項目佔整體多少百分比。如果閱聽者只對數量或大小感興趣，建議用直接顯示數量而非百分比的圖表。

堆疊長條圖

　　想要顯示「每一個部分佔整體的多少比例」時，最簡單的方式就是用堆疊長條圖（stacked bar chart）。長條的長度是整體的合計，可藉由比例來比較每個部分的狀況。

■ 堆疊長條圖

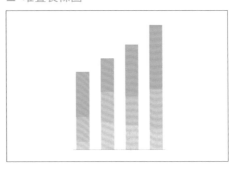

　　下圖是 100% 堆疊長條圖。100% 代表每家企業的員工人數，並且用顏色清楚顯示男女性別比例，這個範例有效發揮了堆疊長條圖的功用。

■「比較看看哪家公司具有性別多樣性」(Satoshi Ganeko 製作)

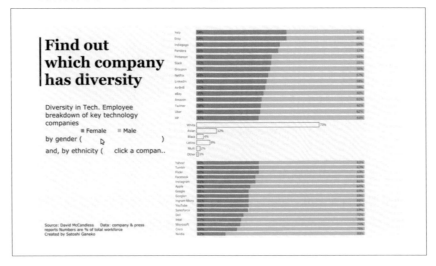

圓形圖

圓形圖（Pie chart，也稱為「圓餅圖」）可顯示百分比，是媒體及商務場合最常見的圖表類型，但是也經常被誤用。因為圓形圖很難比較每個元素的大小，因此並不適合用在需要正確理解某項資料的情況。以下將詳細說明。

請觀察右邊的圓形圖，第三大的部分是哪一個？

■ 圓形圖 1

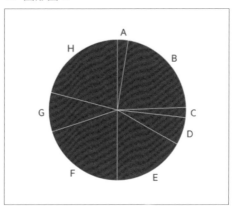

再來看另外一個例子。右下這個紅色的圓形圖，第三大的部分又是哪一個？

看過這兩個範例，你應該就能瞭解，原本為了比較而將資料製作成圓形圖，可是實際上卻很難比較資料的量。

以下我將會舉出使用圓形圖時，幾個具代表性的缺點。

■ 圓形圖 2

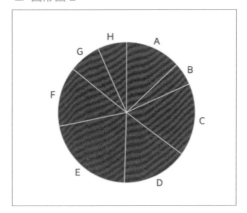

- 當項目超過三個，就會難以看出正確比例
- 雖然圓形圖是把資料轉換成「圓形」的視覺表現，但是結果仍需要使用圖例，使用的空間經常會超出圓形的範圍，而且眼睛必須來回移動，增加認知負荷。

- 單憑圓形中的面積無法看出精確的比例或數字，通常仍需要把數字置入圖形。如此一來，畫面會顯得擁擠，失去轉換成圓形圖的意義。
- 需要比較時必須使用「顏色」當視覺屬性，容易導致用色過多，提高認知負荷。

■ 提高認知負荷而令人不易瞭解的圓形圖範例

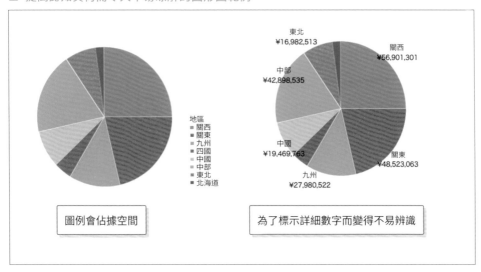

下面的各年度營業額比例變化圖，是利用圓形圖來表現時間序列的變化。你可能也曾經製作這種圖表來比較各個年度吧？

■ 營業額的比例變化 (範例)

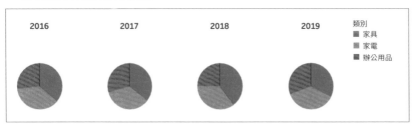

實際上，建議依目的來使用這種圓形圖。比方說，如果你的需求只是要大致掌握與前一年相比是增加或減少，不需要知道詳細數據或變化，會比較適用圓形圖。

可是利用時間序列或分類來比較資料時，很少會有和上述一樣，只需要大概瞭解即可的情況。需要依時序比較資料時，通常要用下面這種折線圖，才能製作出令人理解趨勢的圖表。附帶一提，下圖是用和上一頁圓形圖完全相同的資料來製作的。

■ 把營業額的比例變化改用折線圖來表現

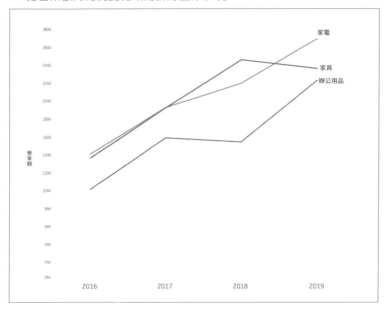

此外，圓形圖是最常被製作成「3D 效果」的圖表類型。

大部分的圖表工具或軟體中就具備「一鍵把圓形圖變成 3D 圖表」的功能，這點或許很方便。另外，也有許多人認為「3D 圖表看起來感覺比較厲害」。然而，進行資料視覺化時，最重要的是能不能正確地傳達訊息，而不是「看起來厲不厲害」。

前面提過，資料視覺化是把資料翻譯給人類的視覺─認知神經系統，若無法正確傳達給對方，就毫無意義，資料視覺化的效果或品質也會降低。

當然有些空間表現必須以 3D 效果呈現，例如立體建築物或遊戲領域等。但是在商業用途來說，資料視覺化很少有必須使用 3D 效果的狀況。

比方說，你是否曾製作過下頁左邊這種 3D 圖表？A 看起來很大，但是 B 看起來更大。右圖是另外用 2D 效果製作的範例。

感覺截然不同對吧！這是因為 3D 物體有遠近感，使眼前的部分看起來比較大。

商業用途很少有必須使用 3D 效果的情況。如果沒有特殊理由，請用 2D 呈現。
實際上 A 與 B 的比例是一樣的。

■ 3D 圓形圖

■ 重新製作的 2D 圓形圖

專欄　**南丁格爾製作的圓形圖**

你應該聽過南丁格爾吧？提到南丁格爾，多數人會想到活躍在護理界的知名
白衣天使吧！其實南丁格爾與統計也有著密不可分的關係。

■ 克里米亞戰爭死因分析圖

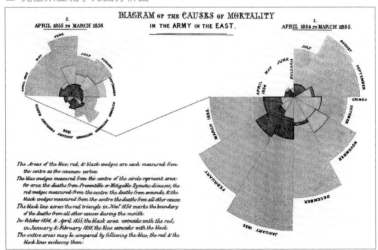

　　請見上一頁的圖表，是南丁格爾在參與克里米亞戰爭的護理工作時，分析了戰死者、傷病者的龐大資料。她為了讓大家知道這些人的死因並非戰爭受傷，而是因為醫院的衛生狀態不佳，而製作出這張圖表。

　　這是圓形圖的延伸運用範例。右邊是在醫院內成立衛生委員會之前，每月的死因分析，左邊是成立之後，每月的死因分析。每個區塊代表「月份」，外側將死因分類成「不衛生」、「其他」、「因戰爭負傷」。

　　其實這張圖是以「半徑」的「長度」代表負傷者的人數而不是用面積。但是這種圓形圖的形狀產生了強調面積大小的錯覺。我不確定當時南丁格爾有沒有發現這種錯覺效果，但在那個沒有資料視覺化的工具和方法的年代，南丁格爾能製作出這種圖表來傳達重要訊息、推動社會改革，讓我對她肅然起敬。

環狀圖

　　環狀圖（Doughnut Chart）是圓形圖的延伸，也稱為「圓環圖」或「甜甜圈圖」。環狀圖與圓形圖的差異是中間有空間，因此可以把資料放在中間，例如右圖是把表示比例的文字放在中央。

　　在網路分析或數位行銷的領域，很常使用環狀圖，可藉此追蹤逐日、逐月等多項主要指標，瞭解預算達成或未達成的狀態。

■ 環狀圖的範例

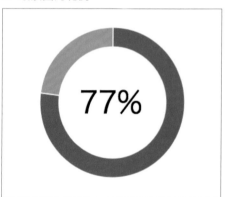

矩陣式樹狀結構圖

　　矩陣式樹狀結構圖（Tree Map）也適合用來表現「部分佔整體的比例」，但處理的資料種類過多時，會變得不易瞭解。

　　下圖就是用矩陣式樹狀結構圖呈現世界的人口狀態。只要一眼就能直覺瞭解一個國家的人口規模。此外，利用顏色區分地區元素，便能同時瞭解各個地區的人口。

■ 矩陣式樹狀結構圖的範例

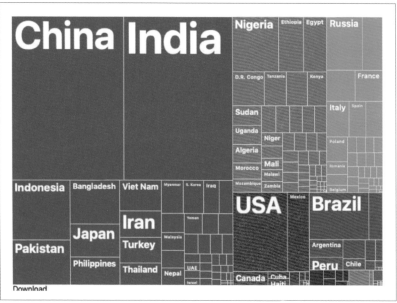

「依人口規模排序的國家名單」

https://www.populationpyramid.net/population-size-per-country/2017/

　　矩陣式樹狀結構圖是表現整體比例的強大選項，尤其適合具有階層結構的情況，就像在每個長方形內嵌入巢狀階層。

　　但這種圖表的缺點如下所示，使用時，請注意這些地方。

- 很難表現負值
- 很難比較不相鄰的長方形面積
- 在哪個位置放什麼內容是由工具的演算法而定，通常無法自行控制

鬆餅圖（網格圖）

　　鬆餅圖（Waffle Chart，又稱為網格圖）適合比較多項資料的百分比。顧名思義，鬆餅圖看起來就像格子鬆餅，用途類似 P.85 的點陣圖，差別在於點陣圖是把資料變成圓點，而鬆餅圖則是一開始先放入 100% 的圓點，再依比例上色，

　　下圖是用鬆餅圖來顯示幾家日本企業的女性主管比例。使用 100 個女性人像，再依照比例上色。這個作品利用了女性人像來呈現，你也可以使用圓點。重點是，選擇的形狀必須符合要傳達的訊息。

　　鬆餅圖雖然適合掌握整體狀態，卻不容易比較細節。因此建議加上文字，可幫助閱聽者理解，是更貼心的設計。

■　鬆餅圖範例

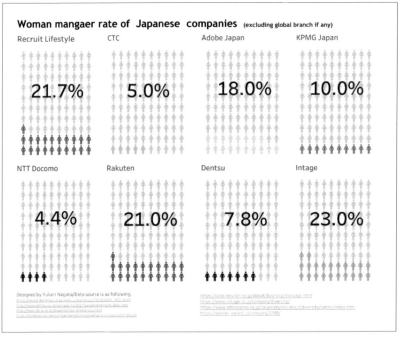

「日本企業的女性主管比例」（作者製作）
https://public.tableau.com/app/profile/yukari.nagata0623/viz/WomenmanagerratioofJapanesecompanies/Womenmanagerratedashboard

瀑布圖

　　瀑布圖（Waterfall Chart）是以第一個量（數值）為起點，之後透過每個步驟，清楚顯示是否產生增減的影響。比方說，從會計期初的數字開始，一年之內每個月如何變化，藉由瀑布圖就能一目瞭然。

　　從左邊的起點開始往右邊的終點移動，將會明白顯示「哪裡發生了什麼情況？」在許多商業文件或簡報中很常看到這種圖表。

　　瀑布圖很適合處理業績統計或定量分析，如下圖所示。這張圖中顯示了每個部分對最終利潤提供了多少貢獻。

■　瀑布圖範例

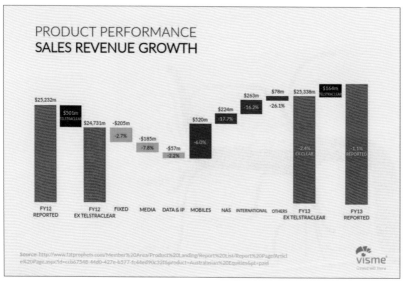

「產品表現 – 業績成長圖」

https://visme.co/blog/types-of-graphs/#wpcf7-f2792-o1

3-4 表現流向或流量

如果要表現多種事物的流動，例如資金或經費的流向、原物料的流動（工程之間的流量）、場地遷移等，可以運用以下圖表。

桑基圖

桑基圖（Sankey Diagram）是用來表示工程之間的流量。圖左邊是最初的輸入，隨著往右流動時，可以清楚瞭解如何分配、抵達終點，線的粗細就代表流量。

下圖是優秀的範例，發揮這種圖表的彎曲美感及趣味性，並符合要傳達的訊息。

■ 桑基圖的範例

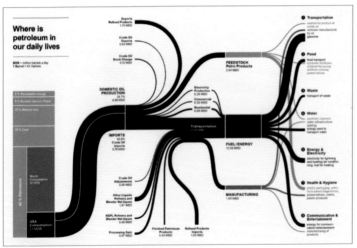

「石油如何影響我們的日常生活」
https://www.ipoint-systems.com/blog/from-data-to-knowledge-the-power-of-elegant-sankey-diagrams/

瀑布圖

前面提過的瀑布圖（Waterfall Chart）通常用來表示比例，它當然也能用來「代表流量」。請參考 p.95 的說明。

3-5 表現時間的演變

　　想強調趨勢或傾向時，請選擇下列這些圖表類型，可以表現時間的演變。雖然「時間間隔」（時間軸）有很多種，包括每天、每週、每月、每年，甚至是每個世紀，但要依照想傳達的訊息或前後關係，選擇適當的時間間隔，才能正確地呈現資訊。

折線圖

　　折線圖（Line Chart）是表現時間演變的常見手法。

　　折線圖和長條圖一樣，是資料視覺化很常用的圖表類型。但在使用時，必須特別注意呈現演變過程的水平軸，以下將會進一步說明這一點。請見下圖，你看過這種圖表嗎？這個水平軸無法比較裡面的折線圖。因為水平軸的間隔被隨意改變了。

■ 水平軸間隔不固定的範例

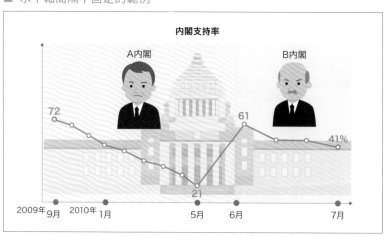

　　上圖中，四個月（1 月～5 月）的水平軸長度竟然和一個月（6 月～7 月）的一樣。

　　代表演變的折線圖是以「方向」（角度）相對比較的圖表，一旦座標軸不正確，就無法呈現真實的狀態，任何數據看起來都會變好。

　　如果你是使用 Excel 等 BI 工具進行資料視覺化，應該沒有扭曲座標軸的功能，不至於製作出這種圖表。但是若別人製作出這種圖表，就得小心注意。

製作折線圖時的重點和前面的長條圖一樣，不能扭曲垂直軸，請見右圖。

右圖雖然同樣以「百萬元」為單位，但是刻度的寬度並不一致，會讓人誤解趨勢或變化。

■ 垂直軸單位不一致的範例

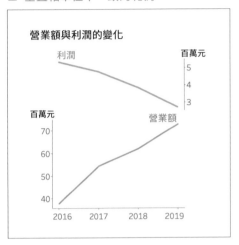

即使折線圖適合顯示變化，可是一旦種類或區分的數量較多時，仍得小心留意。你是否曾製作出以下這種圖表？

■ 義大利麵條圖的範例

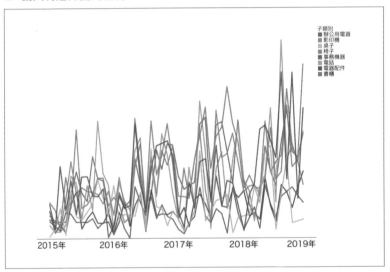

上面這種折線圖，有許多線條交織，乍看就像是義大利麵，因此也稱為義大利麵條圖（Spaghetti Chart）。

上圖這種紊亂的狀態，原因是分類數量多，而且是用「顏色」表現分類的種類。以下要介紹避免發生這種情況的具體對策。

只強調自己注意的類別

常見的手法是改變想強調部分的顏色或粗細，就能達到突顯的效果。

■ 使用強調手法

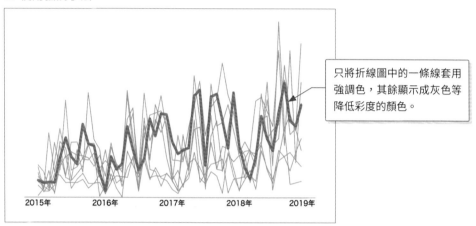

只將折線圖中的一條線套用強調色，其餘顯示成灰色等降低彩度的顏色。

使用設定同色系深淺色的區域圖

使用區域圖時，區域間的框線深淺會決定給人的印象。請盡量使用不會擾亂畫面的深淺及粗細來呈現這些框線。

■ 使用同色系的深淺色

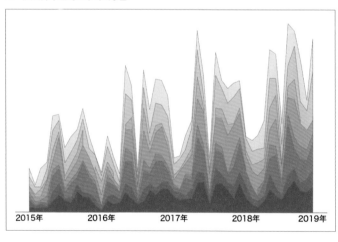

使用迷你圖

想一眼看完大量商品的趨勢時，可以使用迷你圖（Sparkline）。

■ 迷你圖的使用範例

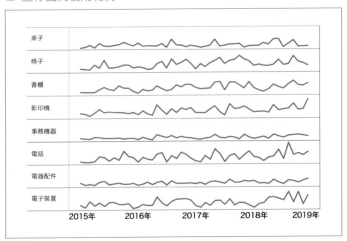

長條圖（直式）

直條圖是使用由左往右的空間來呈現，也能表現變化狀態。可是若放入兩個以上的長條圖，將會很難比較，通常以一個為限。若是這種情況，建議改用折線圖。

■ 用直條圖比較兩個類別

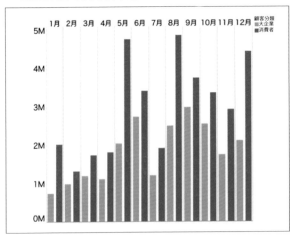

■ 改成折線圖並加上標籤會更清楚

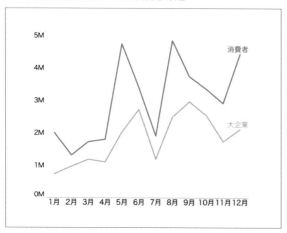

組合長條圖與折線圖

　　這種方法適合表現隨著時間變化，兩個以上的數字彼此之間的關係。此時，必須注意座標軸的用法，以下要特別說明這一點。

　　在網路媒體或數位行銷領域，為了同時檢視兩種以上有關的數字，常會看到左右使用不同垂直軸的圖表（→請參考下頁）。會將圖表設計成這樣，通常是因為在變化的過程中，有兩個以上必須同時監控的指標。

　　請盡量避免這種表現方式，原因很簡單，因為這樣會加重認知負荷，需要花時間才能理解。要瞭解哪張圖代表什麼意思，得先確認圖例及座標軸的刻度，還要檢視變化狀態，這樣一定會讓閱聽者產生壓力（要花費時間判讀）。

■　使用雙重座標軸的範例

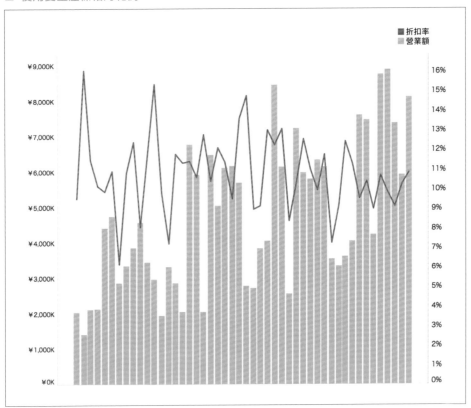

　　使用雙重座標軸的圖表必須確認哪個部分代表什麼，一定會對認知造成負擔。

　　此時，建議如下頁的圖表來修改，簡單拆分成上下兩個圖表，閱聽者就不用反覆確認圖例及座標軸刻度，可以輕易理解，哪個數字是使用哪個座標軸也非常明確。

　　此外，就算分成上下兩個圖表，也能瞭解變化，就沒有必要非得使用雙重座標軸。

■ 將雙重座標軸圖表拆分成上下兩個圖來呈現

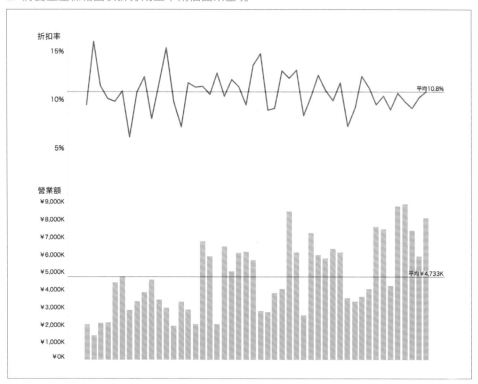

　　你可能會覺得上述的設計「過於仔細」，但是考慮到易用性時，卻是非常重要的關鍵。因為閱聽者可能會因為這種細節造成的壓力而離開，或是逐漸停止使用。

　　你必須注意到，閱聽者通常無法清楚辨別「是因為這個原因而造成認知負荷」，他們只會感覺「好像有點難用」，就不想用了，不會去解析資料難以理解的原因。

斜線圖

　　斜線圖（Slope Chart）可以直接表現時間的變化過程，尤其是比較「兩點之間」的轉變。一般是用來表示現在與過去的增減變化，但是比較的對象不一定是時間內的兩點。斜線圖是折線圖的延伸應用，這種圖表會忽略兩點間的日期，用直線表示兩點之間。因此若閱聽者比較重視時間軸最初與最後（起點與終點）的數字時，就適合使用斜線圖。

下圖是我使用斜線圖來呈現 40 年來日本人死因變化的調查分析結果。

男女的第一大死因，皆為惡性腫瘤（癌症），但是男性的死亡率是 50 年前的三倍。男女最大的差異是，女性因為自殺而死亡的比例與 50 年前差不多，但是男性卻比 50 年前增加了兩倍。

■ 基本的斜線圖

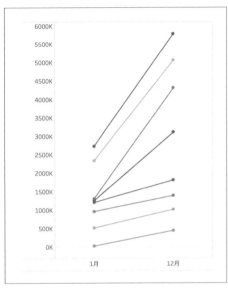

■ 日本人的死因分析

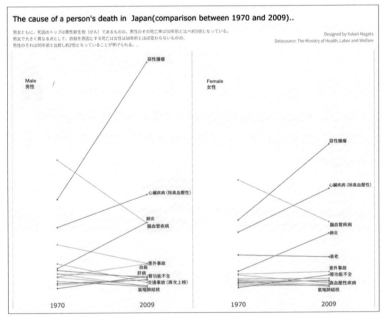

The cause of a person's death in Japan(comparison between 1970 and 2009)..

男女ともに、死因のトップは悪性新生物（がん）であるものの、男性のその死亡率は50年前と比べ約3倍となっている。
男女で大きく異なる点として、自殺を原因とする死亡は女性は50年前とほぼ変わらないものの、
男性のそれは50年前と比較し約2倍となっていることが挙げられる。.

Designed by Yukari Nagata
Datasource: The Ministry of Health, Labor and Welfare

https://public.tableau.com/app/
profile/yukari.nagata0623/viz/
ThecauseofapersonsdeathinJapan/
Dashboard

上圖中，紅線是自 1970 年起死亡率上升的原因，灰線則是死亡率下降的原因。下降的部分有少許文字與線條混在一起，可能會有點不易閱讀，但是這張圖採取了「滑鼠移入時會顯示詳細內容」的設計，如下所示，可避免不易讀取資料的問題。

■ 滑鼠移入就會顯示資料

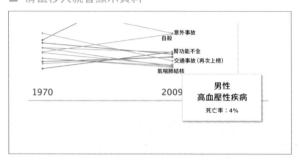

如果擔心下面因文字與線條重疊會有點難理解，可以採用下圖的方式配置，當作解決對策。此外，這麼多的元素數量就算逐一貼上標籤，也不會顯得混亂。

■ 依死因分類

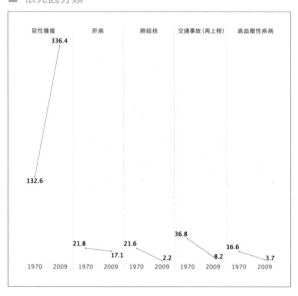

面積圖（區域圖）

　　面積圖（Area chart，也稱為「區域圖」）適合顯示隨著時間而累積的變化。這種圖表類型很難比較每個部分或詳細差異，而比較適合呈現以下內容。

- **整體分析**
- **數量或份量較少的細項趨勢**
- **整體趨勢**

　　下圖就是發揮面積圖特性，依年齡呈現「日本人感覺壓力最大的事情是什麼？」

■　面積圖範例

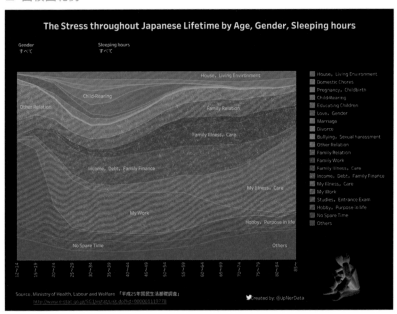

「Stress in Japan」Takashi Ohno 製作

　　面積圖是用區域的「大小」（每層的厚度）來顯示所佔的比例（本例是指對該因素感到壓力的人），同時表現變化，所以這個作品可以清楚瞭解哪些壓力會隨著年齡增長而增減。由這張圖可以得知，工作（My work）對於 20 歲到 40 歲的壓力還是佔了很大的比例，但是從 70 歲開始，就大幅減少，取而代之的是對疾病的擔心與不安成為壓力來源。

熱點圖

　　熱點圖（Heat Map）是用顏色或深淺來顯示排成矩陣的資料數值。這種圖非常適合檢視每天、每週、每月等時間流動的「類型性」。雖然很難表現明確的數量，但是想瞭解「大致的類型趨勢」時，就會很方便。

　　下圖是比較美國與日本在每一天「生日的人有多少」，也可以說是生日儀表板。

■　熱點圖的範例 1

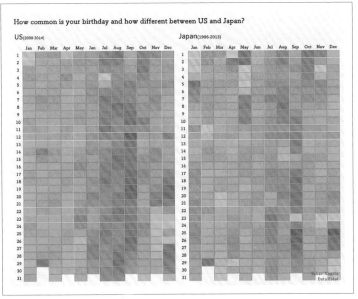

「你的生日常見嗎？美國日本大不同」（作者製作）
https://public.tableau.com/app/profile/yukari.nagata0623/viz/Howcommonisyour
birthdayandhowdifferentbetweenUSandJapan/Dashboard

　　聲音分析也可以運用熱點圖。下一頁就使用熱點圖來表示聲譜圖（voicegram）。聲譜圖是指用聲音分析軟體錄下聲音，再轉換成圖表。這裡用直長方式的熱點圖來比較三位鋼琴家（紀新、郎朗、辻井信之）演奏李斯特作曲的《愛之夢》。由此可以瞭解，就算是相同曲子，每位鋼琴家彈奏時的力道、強弱對比都不同。

■ 熱點圖的範例 2

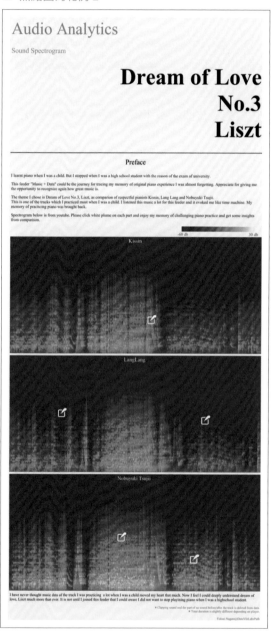

 「李斯特：《愛之夢》聲音分析-聲譜圖-」（作者製作）

https://public.tableau.com/app/profile/yukari.nagata0623/viz/
SoundspectrogramDreamofLoveLiszt/Summary

3-6 檢視分布狀態

當你需要顯示資料集內的數值，同時也顯示出現頻率時，適合使用以下的圖表。這類圖表能立即突顯「哪個部分下降」、「哪個部分變高」，讓人比較容易記住。

具體的例子包括所得分布、年齡或性別分布、某件事物的狀態是否平衡等。

直方圖

直方圖（Histogram）通常是用垂直軸表示頻率、水平軸表示階級，是常用來表示統計分布的圖表。縮小各行之間的縫隙即可突顯落差，製作出整齊的圖表。

下圖是用直方圖來呈現平成 28 年（2016 年）日本國民生活基礎調查中，家庭的所得金額分布。變成直方圖後，可以立刻瞭解大部分的日本家庭收入集中在 100～200 萬、200～300 萬、300～400 萬日圓。

■ 直方圖範例（平成 28 年國民生活基礎調查｜厚生勞動省）

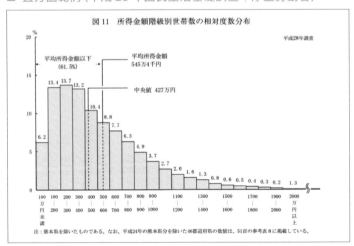

此外，直方圖的每個長條稱為「bin」，製作直方圖時，請驗證 bin 的寬度要多少才適合。因為直方圖是把資料分組（以某個單位為一組）製作而成，直方圖的外觀與 bin 的寬度有關。下圖列舉了 bin 的寬度不同的範例。

bin 的寬度過小時，視覺上會顯得凌亂，無法掌握大方向。可是相對而言，若 bin 寬度太大，詳細趨勢就會消失。

■ 直方圖的呈現結果會因 bin 的寬度而異

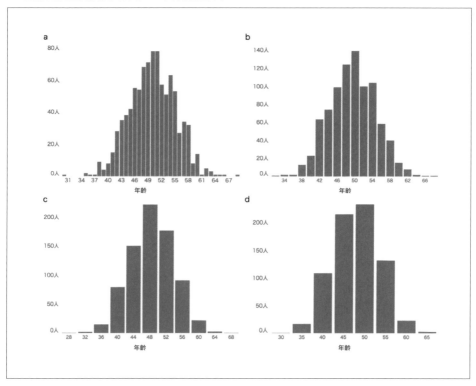

大部分的軟體都會預設寬度，但你是否能根據個人的分析或想法，自訂出可以正確表現資料的數值？這樣是否適合你想傳達的內容？請一邊留意，一邊設定不同的 bin 寬度驗證，再做決定。

點狀圖（啞鈴圖）

點狀圖（Dot Plot）是依分布顯示差異的好方法。比較多個類別之間的兩個元素，例如最大值與最小值時，這會是很有效的方法。圖案的形狀就像是健身用的啞鈴，所以也稱為啞鈴圖（Dumbbell Chart）。一般常見的設計是在直條左右加上圓形。

下圖是表示男女平均年收入差距，用啞鈴圖顯示各個年齡層的男女平均年收入。粉紅色圓點是代表女性，藍色圓點代表男性，透過排列各年齡層的啞鈴圖，就可以一眼看出哪個年齡層的落差特別大。

■ 用啞鈴圖呈現男女平均年收入差異
（作者根據日本厚生勞動省 2017 年薪資結構基本統計調查統計表的資料製作）

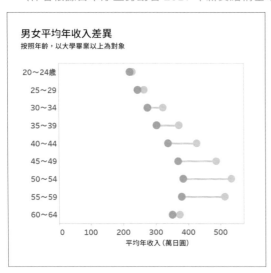

箱形圖

　箱形圖（Box plot，又稱為盒鬚圖、盒式圖、盒狀圖或箱線圖）能簡單顯示多種類別的範圍或分布。箱形圖把資料分成四分位，用同一種格式表示。右圖是箱形圖的結構。

■ 箱形圖的結構

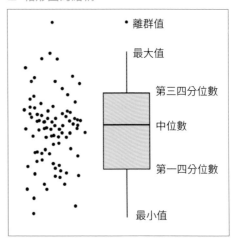

　　經過剖析之後，就可以瞭解箱形圖是只把 y 軸的值視覺化。箱形部分的中央線是代表中位數，垂直線 (鬚線) 的最下方、最上方分別代表最小值與最大值。此外，箱形圖除了最小值、最大值，還包含四分位數的資料。四分位數是依遞增順序排列資料，由小排到大依序是

- **25%(第一四分位數)**
- **50%(第二四分位數)**
- **75%(第三四分位數)**

　　「離群值」是指在資料分布中，與其他觀測值有著極大差異的值。原因可能包括測量錯誤或發生異常，因此必須注意離群值的處理。你使用的資料視覺化工具可能會偵測出離群值，也可能不會。

　　箱形圖的結構非常簡單，卻包含許多資料，並且以水平方式排列這些資料，所以能立刻明白分布狀態。

■ 箱形圖範例

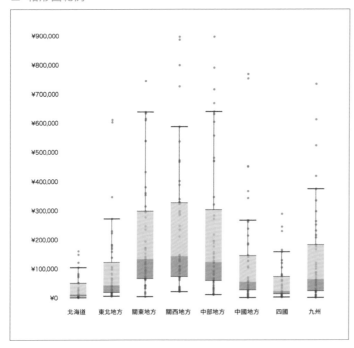

蝴蝶圖

蝴蝶圖（Butterfly Chart）就是類似「人口金字塔」的圖表類型，這樣解釋你應該會比較容易理解，也可以說這就是金字塔圖的延伸應用。因為圖表的形狀就像蝴蝶的翅膀般左右張開，因此稱作蝴蝶圖。

相信多數人都應該看過下圖這種人口金字塔圖表吧！用蝴蝶圖來呈現是很常見的手法，因為可以利用左右側呈現男女差異，有效呈現人口分布。

■ 蝴蝶圖範例

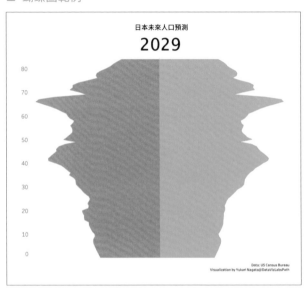

3-7　表現名次或排行榜

在整體具有等級或順序的清單上，某項目的地位相對比較重要時，就需要排名。

排序長條圖

依序排列長條圖就可以輕易看出排名，當然長條圖也能清楚顯示排名。

■ 利用排序長條圖顯示排名

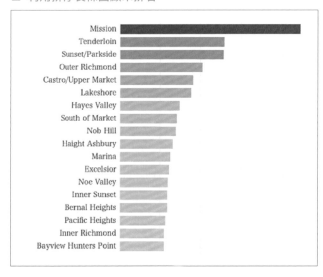

斜線圖

前面提過的斜線圖 (Slope Chart) 可以用來顯示演變狀態，也能清楚展現排名的變化。可參考 p.103 的說明。

凹凸圖

　　凹凸圖（Bump chart）可以清楚表現隨著時間演變，排名產生的變化。若能利用分組設定顏色，效果會更好。

　　下圖是呈現北美六年間銷售車輛的顏色分佈，同時呈現排名變化。

■ 凹凸圖

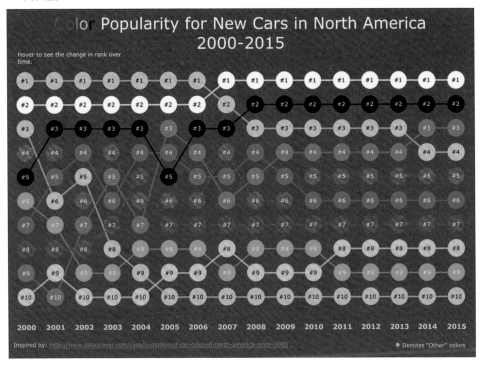

 「北美銷售新車色彩分布圖」Matt Chambers 製作

https://public.tableau.com/app/profile/matt.chambers/viz/CarColorEvolutionNorthAmerica/ColorRankOverTime

<table>
<tr><td>3-8</td><td></td></tr>
</table>

3-8 表示關聯性

以下這些圖表類型，適合用來呈現兩種以上資料的關聯性。

散布圖

　散布圖（Scatter Chart，也稱為相關圖）適合表示兩種變數的關聯性。這種圖表會在垂直軸與水平軸對應兩個項目的數量或大小，以點狀方式繪製資料。這樣一來便能輕易找出在整個範圍內，資料點密集分布在哪個位置、有哪些部分超出範圍。

　在散布圖內，若資料群分布在右上方，代表正相關；如果分布在右下方，則表示負相關。

■ 散布圖範例

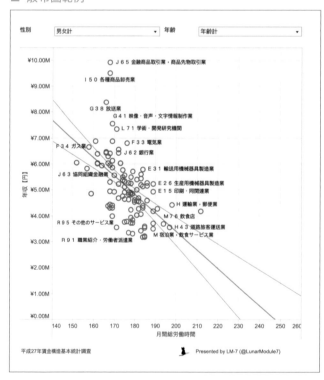

「日本薪資—工作時間散布圖」
LM-7 製作

https://public.tableau.com/app/
profile/lm.7/viz/-_283/Dashboard5

長條圖與折線圖組合

　　組合長條圖與折線圖，也能方便瞭解關聯性。但是需要雙重座標軸，會稍微增加認知負荷，必須特別注意。前面已說明過，詳情請參考 p.101~p.103。

■ 組合長條圖與折線圖的範例

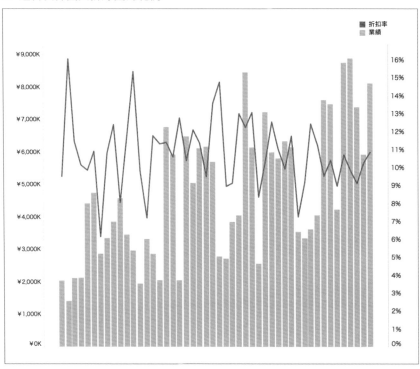

泡泡圖

　　泡泡圖（Bubble chart）是散布圖的延伸運用。散布圖是處理兩個變數，而泡泡圖是處理三個變數，並用泡泡大小來顯示一個變數。由於能立刻顯示三個元素，非常方便，但是若資料點過多而重疊時，就會變得不易理解，必須特別注意。

　　下一頁是泡泡圖的範例，垂直軸代表平均壽命，水平軸代表所得，泡泡大小表示人口多寡。所以立刻就能掌握哪個國家在哪個相對位置，並瞭解規模大小。

■ 泡泡圖範例

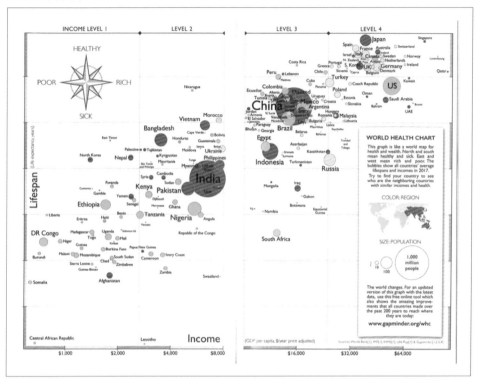

「Gapminder world poster 2015」

https://www.gapminder.org/news/gapminder-world-poster-2015/

3-9 表示差異

以下這些圖表類型，可以清楚顯示從任意點開始產生的差異或變化量。

分向長條圖

這種圖表可強調從某一點開始的變化量（正或負，增加或減少）。通常起點是從零開始，也可以使用平均值。

■ 商品預算比較表（作者製作）

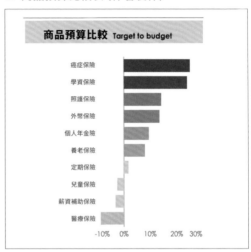

分向填色折線圖

這種圖表適合表現利潤或折扣率的變化，以某一點為基準點的正值或負值狀態。右圖是使用分向填色折線圖來表示正負獲利的範例。

■ 顯示正值／負值的分向填色折線圖範例

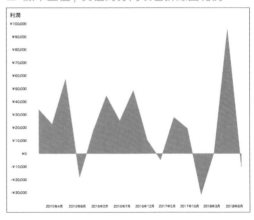

分向堆疊長條圖

　　分向堆疊長條圖是堆疊長條圖的延伸運用。有決定基準點的分向堆疊長條圖可以同時檢視多個元素的比例，最適合顯示市場調查或問卷結果等含有不同類型答案的資料。一般而言，水平方向的右側是正面回答，左側則是負面回答。

■ 分向堆疊長條圖範例

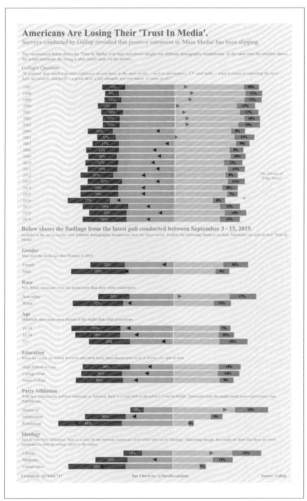

「美國人對媒體的信任度」Christopher Conn 製作

https://public.tableau.com/en-us/gallery/americans-trust-media?tab=viz-of-the-day&type=viz-of-the-day

3-10 呈現地理空間或位置

以下這些圖表類型，適用於要顯示某種資料，同時又要說明場所或地理位置時。

分層著色圖（面量圖）

分層著色圖（Choropleth，又稱為「面量圖」或「等值域圖」）是用地圖顯示資料的標準方法，會依照區域填上深淺不同的顏色。下圖顯示了美國的玉米產區，呈現在地圖上，可以直接傳達訊息，也能清楚瞭解位置關係。

■ 分層著色圖範例 1

 美國玉米產區（作者製作）
https://public.tableau.com/app/profile/yukari.nagata0623/
viz/TowardsSustainableAgricultureIronViz/Dashboard

水平排列多個分層著色圖，會給人留下深刻印象。比方說，下圖呈現玉米產區，也可以列出其他作物的地圖，如小麥、棉花等，這樣就能按照作物來做比較。

■ 列出玉米、小麥、棉花等三種不同作物

Corn Belt   Wheat Belt   Cotton Belt

■ 分層著色圖範例 2

「紐約市的收入和健保範圍比較表」Adam E McCann 製作

URL https://public.tableau.com/pt-br/gallery/comparing-income-and-insurance-coverage-nyc

比例符號圖

　　比例符號圖（Proportional symbol map）是用符號大小表現資料的圖表。適合瞭解整體狀態而非檢視細微差異。

　　右圖是歐洲的能源消耗量。直接用符號大小來表示消耗量，哪些地方消耗了多少能源都可以一目瞭然。

「歐洲能源消耗量2001」
Jessica Flannigan 製作

http://jessicaflannigan.blogspot.com/p/european-energy-consumption-2001.html

■ 使用比例符號圖的範例

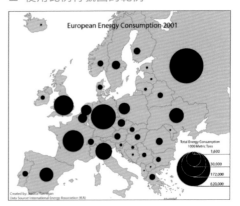

點地圖

這種圖表是用每個圓點的位置代表舉辦了某個活動的場所。利用地圖上的圓點（dot）表示位置，可以同時傳達與場所的關聯性，促進理解。

■ 點地圖的範例

「1970～2009 空難事件分佈圖」

https://www.anychart.com/ja/products/anymap/gallery/Maps_Point_Maps_(Dot_Maps)/
Airplane_Crashes_since_1970_till_2009.php

熱點圖

前面有提過的熱點圖（Heat Map），是在地圖上用色階（或是用飽和度等）來代表資料的數值（可參考 p.107）。

下頁的範例就是在地圖上使用六邊形代表熱點的熱點圖。在任意的經緯度上放置六邊形，並且用連續色呈現，這樣一來可以確認英國房地產銷售價格及位置。

這種圖表非常適合房地產等需要同時掌握具體「位置」的情況。

■ 熱點圖的範例

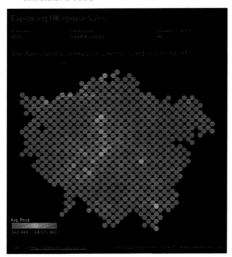

「英國房地產銷售地圖」
Andy Kriebel 製作

https://public.tableau.com/app/profile/andy.
kriebel/viz/UKHousingHexMaps/WW

流動地圖

　　流動地圖（Flow Map）可以顯示從地圖上某個地點移動、流動到另一點的軌跡。下圖這個例子代表從機場到露營地的直飛班機路線圖。這種圖表特別適合像這樣，需要瞭解從某地點到另一個地方，同時掌握起點移動到終點的地圖資訊。

■ 流動地圖範例 1

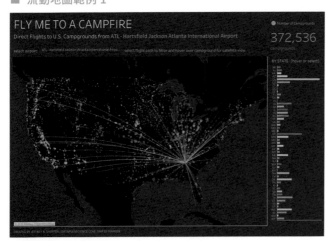

「帶我飛向營火」Jeffrey Shaffer 製作
https://public.tableau.com/views/FlyMeToACampfire/
USCampgrounds?:showVizHome=no#1

下圖是顯示往移民國家移動的圖表，在圖表上方用文字傳達事實，同時也呈現出兒童從出生地移往別國的資料視覺化範例。

■ 流動地圖範例 2

「聯合國兒童基金會－烏魯木齊兒童流動地圖」

https://public.tableau.com/app/profile/
yvette/viz/Unicef-Uprooted/Uprooted

　　除了本章列舉的範例，還有許多圖表類型，需要學習的圖表可說是永無止境。

　　但是當你看完本章之後，應該可以大致掌握，並根據狀況選擇適合的圖表類型。這一章雖然無法包含世上所有圖表類型，卻已經仔細說明了一般常見的圖表，讓你可以依照目的做取捨。有些圖表你可能不熟悉，有些仍有討論空間。不過在這裡也透過範例，介紹了這些圖表有哪些功能。

　　當你試圖去挑戰新的圖表類型，就可以從中學會新的能力與技術。不斷學習新的圖表思考方式與過程，將會成為你未來徹底運用資料、提升視覺化技巧的基礎。

第 4 章

資料視覺化
實例演練

．．．．．．．．．．．．．．．．．．．．．．．．．．．．．．．．．．．．．．．

當你在進行資料視覺化，進而製作資料視覺化最終成果的儀表板時，
可能會遇到許多狀況，本章就設計了各種實例演練，可以發揮強大的
輔助效果。當然，各位讀者所處的領域、立場、狀況、業務、想瞭解
的觀點並非「一模一樣」的，但本書的目標就是盡量提供你更多製作
儀表板時的建議，以及進一步改善的方法。

閱讀這些範例時，最重要的是製作儀表板時的思考過程、想法、方法
能不能套用在你本身的狀況，而不必太拘泥於工作領域或處理的主體
是否相同。因此，本章的重點在於解說儀表板內每個元素背後的思考
過程，有什麼功能，能給予閱聽者什麼建議。

讀完之後，若能整合第四章多個範例的思考過程，並搭配使用前二章
解說過的圖表選擇訣竅與技巧，應該有很多情況能派上用場。

舉例來說，p.136 列舉了數位行銷的網路分析範例。就算你不是負責
網路分析的人，也可以學習其思考過程以及設計方法，當作「顯示、
比較、判斷現在與過去成果的案例」。因此，就算本章的案例與你的
業務沒有完全一致，也可以將思考過程及流程運用在你的工作上。

4-1 「儀表板」究竟是什麼？

從事資料視覺化，都會接觸到「儀表板」(Dashboard) 這個詞，這到底是什麼？因為使用廣泛，所以大家對這個名詞的定義都不盡相同。當我在撰寫這本書時，將其定義為「檢視資料，促進瞭解的視覺化表現」。換句話說，以下這些範例全都應該涵蓋在「儀表板」內。

- 依各地區、各部門檢視公司所有員工的經費清單
- 每天早上用電子郵件傳送主要經營指標給主管及管理高層
- 整個部門在工作時可以即時看到客訴 KPI
- 業務在客戶端看到的前年比績效

我在這裡只列舉幾例，因為重點不在儀表板的定義。儀表板有很多種類及概念，專家的意見也不太相同。但是在進行資料視覺化時，最後通常都需要把結果製作成儀表板。因此我認為用實際的儀表板範例來解說資料視覺化，是學習資料視覺化時最實用的方法，也能讓你將學到的東西立刻發揮在實務上。

儀表板大致分成兩種

我認為儀表板大致可以分成以下兩種。

- 探索型儀表板 (Exploratory Dashboard) →立場中立的儀表板
- 說明型儀表板 (Explanatory Dashboard) →意見明確的儀表板

探索型儀表板是用來呈現每天的 KPI、監控日常營運指標等用途的儀表板類型。這類儀表板要避免太突出的顏色、字型、版面等含有高設計性的部分，應該把重點放在想傳達的指標及訊息，選擇中性的設計，以免分散閱聽者的注意力。

■ 探索型儀表板的範例

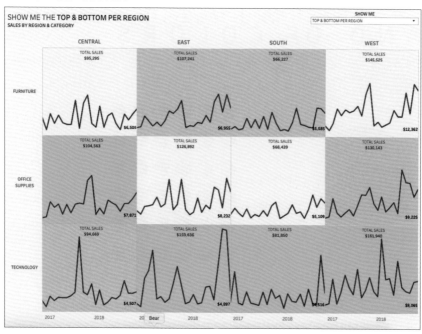

SHOW ME THE **TOP & BOTTOM PER REGION**
SALES BY REGION & CATEGORY

「以地區劃分的各類別業績表」Ann Jackson 製作
https://public.tableau.com/app/profile/ann.jackson/viz/WorkoutWednesdayWeek41-
TopBottomHighlights/WorkoutWednesdayWeek41-TopBottomHighlights

　　另一方面，說明型儀表板適用於傳達一個明確的訊息。資料視覺化的領域經常會
舉辦比賽（有資料視覺化競賽、資料視覺化的黑客松 Hackathon 等），在比賽時，
通常要透過資料視覺化傳達明確的訊息，因此適合用此類型的儀表板。舉例來說，
世界各國的幸福感排名、伊拉克戰爭受害者人數的慘況等，要傳達的訊息很明確。

■ 說明型儀表板的範例

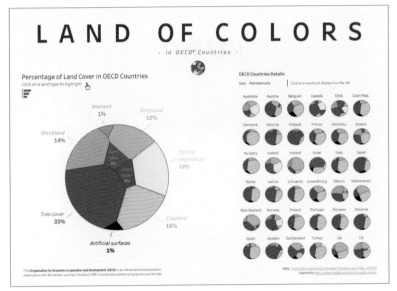

「土地的色彩：OECD經合組織成員國的土地覆蓋率一覽表」Tristan Guilevin 製作
https://public.tableau.com/app/profile/guillevin/viz/LandOfColors/Landofcolors

不必追求完美的儀表板

　　以下的每一節，我們都會先參考一張設計好的儀表板，再解析製作背景與用途。有些範例是我製作的，也有些是借用他人的作品。不論哪一種，對我來說都不是「完美的儀表板」。換句話說，本書並沒有「完美儀表板」的標準答案。

　　即使我說完美的儀表板並不存在，但並非不完美就沒有運用價值。當你面對現在或未來可能遇到的商業問題時，只要你具備找出最佳解答的技巧即可。

　　我會提出「完美的儀表板並不存在」，是因為資料視覺化或儀表板會隨著立場、狀況、觀點、時機、閱聽者的不同，而產生截然不同的評價。即使你以現在的立場製作出看起來完美的儀表板，但是對其他人而言，可能還是資料不足、難以理解、或是還有改善空間，這種情況比比皆是。因此要思考閱聽者的立場及目的，這點是非常重要的。當你迷失時，若能想起「完美的儀表板並不存在」，或許可讓你回歸原點去思考。這件事並不容易，倘若本章的內容能助你一臂之力，我將深感榮幸。

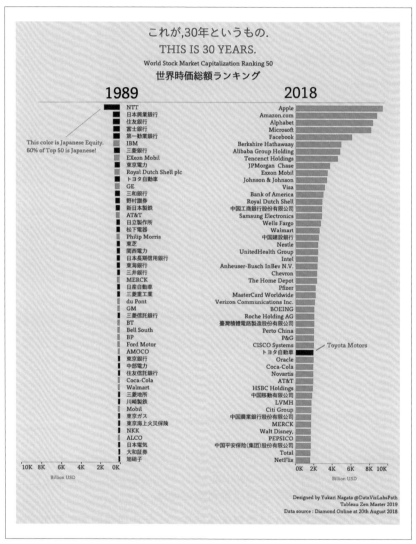

4-2
範例 01

全球市值排行榜：
長條圖的奧秘

「This is 30 years.」(上圖為作者根據 DIAMOND Online 的資料製作)

https://public.tableau.com/app/profile/yukari.nagata0623/viz/WorldStockMarketCap50/
WorldStockMarketCap2

範例 01 – 背景解析

2018 年,日本媒體網站「DIAMOND Online」發表了一份全球市值排行榜。從圖表中可知,1989 年時有許多日本企業名列前茅,但是過了三十年之後的 2018 年,竟然只剩下一家公司,這令人震驚的事實成為大眾的討論話題。

看到右圖這張原始的資料表時,我思索著是否能更清楚地傳達事實。由於公司市值本身的金額差距極大,如果能在圖表中同時表現成長幅度,資料應該會更完整。

■ 世界市值排名

引用自 DIAMOND Online
https://diamond.jp/articles/-/177641?page=2

範例 01 – 閱聽者分析

關心日本社會與經濟現況的人。

範例 01 – 製作目的

在全球市值排行榜中,不應只有排名,如果能將市值大小的變化、企業的國籍等資訊也變成比原始版更容易辨識的格式,應該能強調想讓人留下深刻印象的訊息。

範例 01 – 使用方法

適合用各種社群媒體瀏覽,可當作說明型儀表板的範例作品。

範例 01 – 需求規格

- 透過視覺設計,讓這些數字的排名可以更有效地傳達
- 列出數字時,不只要傳達排名,也要傳達市值在三十年中持續增加的事實
- 可以清楚比較相隔三十年的兩個時間點
- 表現符合條件的日本企業在三十年後只剩一間的「遺憾感」

接下來將依序解說製作這個作品時，我特別花心思處理的部分。

■ 此儀表板的設計重點

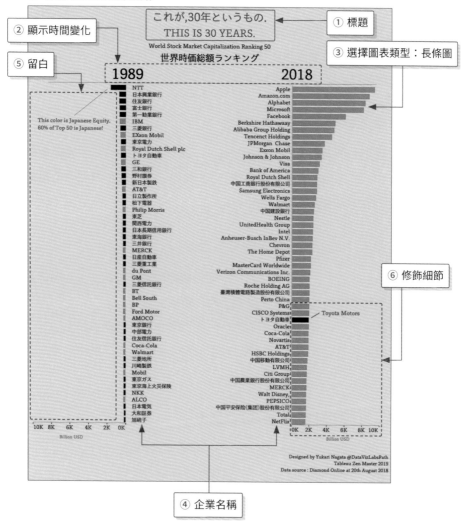

① 標題：「這就是三十年後的情況」

即使是很熟悉資料視覺化的設計者，下標題時仍會傷透腦筋。因為標題是閱聽者首先映入眼簾的部分，而且能依目的選擇不同觀點來呈現。所謂的各種觀點，意指標題可以是中性的標題（不加入結論），例如「北海道的銷售分析」；也可直接加入結論，提升傳達訊息的功能，例如「北海道的銷售比去年增加了兩倍」。

這次我為了強調「自 1989 過了三十年後，日本企業只剩一家在榜上的遺憾」，所以將標題設定為「這就是三十年後的情況」，交給閱聽者自由心證，而不是選擇中性的「全球市值排行榜」。只在副標題加上「全球市值排行榜」。

② 顯示「兩點之間」的時間變化

一般在表現變化的折線圖上，座標軸標籤的「時間點」（年度等）不會過於明顯，但是這次要比較「隨著時間變遷的兩點變化」，強調三十年這段時間，所以使用了和標題一樣大小的文字來清楚強調年度。

③ 選擇圖表類型：長條圖，並省略文字（數字）

在這份資料視覺化圖表中，除了經過三十年的排行榜變化，我也想立即傳達市值的演變，因此選擇了可以直接呈現「數量比較」的長條圖。

在圖表中，我省略了每家企業的市值數字，因為考量到要傳達的訊息中並不需要詳細數字，只要能輕易比較「兩點之間」的時間變化即可，所以使用簡單的長條圖進行排名。

④ 企業名稱：以多國語言（當地語言）顯示

顯示企業名稱時，我刻意不統一語言，而使用該企業所在地的語言呈現。因為我希望能讓閱聽者在不知不覺中感受到不同國家企業所佔的比例。

另外，在排版時，我也刻意將企業名稱靠近中央排列，因為如果名稱距離太遠，就會很難感受到刻意選用當地語言來呈現的差異。

⑤ 留白

　　留白本身也是一種設計手法，所以我刻意在這裡留白。根據我的觀察，許多人在設計時會很害怕留白，所以總是會試圖加上圖例、篩選器、參數等。其實不必因為有空間就非得放資料，只在必要時加入資料即可。以下分享留白的運用技巧。

* 不必盲目地置入影像、插圖、資料
* 不必為了填滿空白而縮小整個圖表的尺寸

⑥ 修飾細節

　　因為是簡單的長條圖，更要重視細節的設計。我在這裡運用了以下技巧。

* 以不會太過明顯的程度加入小刻度。
* 用註解特別標示日本企業只剩一家「Toyota Motors」，可避免喧賓奪主。希望藉由突顯單一企業，強調遺憾的感覺。
* 座標軸的線條為灰色，刻度標籤則為強烈的黑色，給人清楚銳利的印象。如果記憶變成灰色，就會令人印象模糊。
* 背景使用沉穩色系，藉此襯托黑色與紅色等強調色。

專欄　什麼時機適合使用長條圖？

　　到底什麼時機比較適合用長條圖？看到前面的長條圖說明，或許有人會想：「這樣的話，到底什麼時候才應該選用長條圖呢？」

　　其實長條圖是萬用且方便的圖表類型。光是長條圖與折線圖，就能解決八成商業問題。為什麼長條圖這麼方便，因為這種圖表能用高度與位置直接比較數量，同時也可以輕易地與其他資料比較。當你覺得不知該如何是好時，請先試著使用長條圖看看。

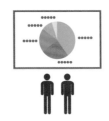

4-3 數位行銷：

範例 02 付費媒體效益表

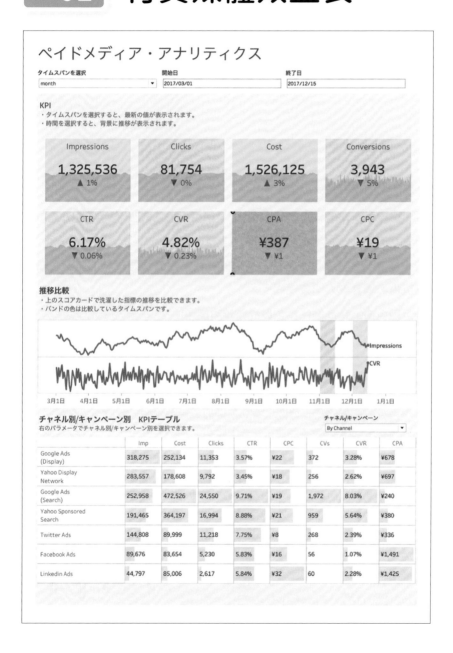

ペイドメディア・アナリティクス

タイムスパンを選択	開始日	終了日
month	2017/03/01	2017/12/15

KPI
・タイムスパンを選択すると、最新の値が表示されます。
・時間を選択すると、背景に推移が表示されます。

Impressions	Clicks	Cost	Conversions
1,325,536 ▲ 1%	81,754 ▼ 0%	1,526,125 ▲ 3%	3,943 ▼ 5%

CTR	CVR	CPA	CPC
6.17% ▼ 0.06%	4.82% ▼ 0.23%	¥387 ▼ ¥1	¥19 ▼ ¥1

推移比較
・上のスコアカードで洗濯した指標の推移を比較できます。
・バンドの色は比較しているタイムスパンです。

Impressions
CVR

3月1日　4月1日　5月1日　6月1日　7月1日　8月1日　9月1日　10月1日　11月1日　12月1日　1月1日

チャネル別/キャンペーン別　KPIテーブル　　チャネル/キャンペーン
右のパラメータでチャネル別/キャンペーン別で選択できます。　　By Channel

	Imp	Cost	Clicks	CTR	CPC	CVs	CVR	CPA
Google Ads (Display)	318,275	252,134	11,353	3.57%	¥22	372	3.28%	¥678
Yahoo Display Network	283,557	178,608	9,792	3.45%	¥18	256	2.62%	¥697
Google Ads (Search)	252,958	472,526	24,550	9.71%	¥19	1,972	8.03%	¥240
Yahoo Sponsored Search	191,465	364,197	16,994	8.88%	¥21	959	5.64%	¥380
Twitter Ads	144,808	89,999	11,218	7.75%	¥8	268	2.39%	¥336
Facebook Ads	89,676	83,654	5,230	5.83%	¥16	56	1.07%	¥1,491
Linkedin Ads	44,797	85,006	2,617	5.84%	¥32	60	2.28%	¥1,425

範例 02 - 背景解析

　　企業大多會為了行銷需求購買各種媒體廣告，包括付費媒體的搜尋連動型廣告、社群媒體廣告、部落格文章、付費報導等，因此必須定期追蹤廣告的運用範疇，並分析是否與銷售有直接關聯。藉由這樣的分析，可瞭解投放廣告的經濟成本，檢視收益是否增加，並進行廣告費用最佳化，可以說是分析購買廣告的「CP 值」。

　　最知名的例子，是許多公司會用 Google 公司提供的「Google Analytics」服務（將使用者在網站上的行為進行資料視覺化的工具）來分析廣告效益。

範例 02 - 閱聽者分析

　　在企業內負責投放廣告的部門成員。

範例 02 - 製作目的

　　分析的主要目的是提升業績，更有效率地運用廣告預算。

範例 02 - 使用方法

　　瀏覽付費媒體的一般指標，並概略掌握使用者的行為指標。透過團隊討論指標，評估哪些廣告的成效良好，將廣告預算最佳化。

範例 02 - 需求規格

- 追蹤網站訪客的指標，並且檢視變化
- 可依照每週、每月、每季的需求，隨時調整並追蹤廣告的成效
- 依照每個頻道、每個活動去確認各項指標

思考流程說明

顯示成果

　　如同前面的說明，必須用文字放大顯示組織或商業模式的重要指標。

■ 將重要指標放大以營造強弱對比

　　網站的分析結果瞬息萬變，將數字顯示到個位數，可以精確判斷使用者的行為。雖然顯示到個位數，但是刻意比照平衡計分卡的樣式排列，避免干擾整體的數字。像排列平衡計分卡般區分每個 KPI，不會加重認知負荷，使用者會更容易理解。

簡單清楚地排列重要指標

　　以相同大小排列各項指標的平衡計分卡，營造出一致性。此外，進行時間間隔內的比較時，與前期相比，上升的指標使用粉紅色背景，下降的指標使用藍色背景，就能立即瞭解比較結果。

　　這種排列重要指標的儀表板，建議如下圖所示，採用格線排版，統一垂直與水平大小，就能整齊排列。重點是一開始先決定外框的尺寸，並確定指標的數量。

■ 採用格線排版可將內容等距排列

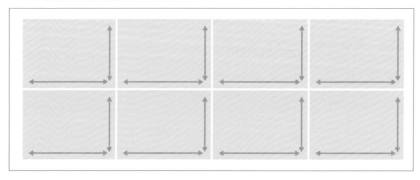

拉近資料變化的距離

在網路行銷及數位行銷領域，經常在表格左右兩側設計不同的垂直座標軸，以便同時檢視兩個以上的相關數字，這是因為有些人希望能同時檢視指標的關聯性。

例如以下的狀態。

■ 左右兩側使用不同座標軸的範例

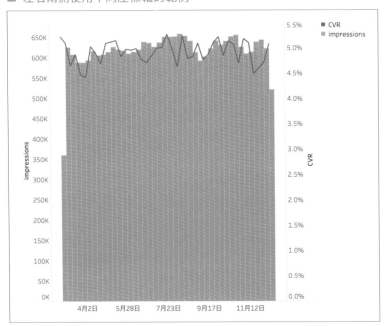

在左右兩側使用不同的垂直座標軸時，必須加上圖例說明。因為對閱聽者而言，這樣的圖表認知負荷較高，需要花時間理解。必須確認哪張圖代表什麼意思，哪項指標使用哪個座標軸，這樣很容易產生壓力。

為避免這種情況，在設計這個儀表板時，是在中央置入兩個折線圖來呈現變化，這樣就能拉近距離一起檢視，並同時瞭解兩者的變化。

■ 拉近兩個折線圖的距離

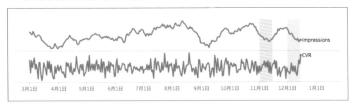

在圖表中間用格線排版的資料變化區域（平衡計分卡），當使用者點擊 KPI 時就會動態更新，並在中央顯示該指標。

這樣一來，在任何時間軸都能清楚比較選取的兩項指標。此外，為了在選取期間能更容易做比較，還有加上色塊。

■ 點擊指標的平衡計分卡後的狀態

■ 在比較期間加上色塊

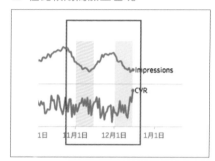

利用參數控制分析軸（頻道或活動區）

圖表右上方的下拉式選單可切換「頻道（By Channel）／活動（By Campaign）」，此處可切換顯示 KPI 表格。這樣設計就不會佔空間，可完成簡潔清爽的儀表板。

■ 控制分析軸

チャネル別/キャンペーン別　KPIテーブル
右のパラメータでチャネル別/キャンペーン別を選択できます。

チャネル/キャンペーン
By Channel
By Channel
By Campaign

	Imp	Cost	Clicks	CTR	CPC		CV		
Google Ads (Display)	318,275	252,134	11,353	3.57%	¥22	372		3.28%	¥678
Yahoo Display Network	283,557	178,608	9,792	3.45%	¥18	256		2.62%	¥697
Google Ads (Search)	252,958	472,526	24,550	9.71%	¥19	1,972		8.03%	¥240
Yahoo Sponsored Search	191,465	364,197	16,994	8.88%	¥21	959		5.64%	¥380
Twitter Ads	144,808	89,999	11,218	7.75%	¥8	268		2.39%	¥336
Facebook Ads	89,676	83,654	5,230	5.83%	¥16	56		1.07%	¥1,491
Linkedin Ads	44,797	85,006	2,617	5.84%	¥32	60		2.28%	¥1,425

你在製作儀表板時，應該常碰到必須列印在紙上的情況吧？此時運用切換標籤，不用顯示所有數值，也不用製作如捲軸般的長型儀表板，就能控制在 A4 大小內。像這樣依照設計尺寸，盡量精簡內容，設計會更加靈活。

減少用色數量

　　盡量減少顏色，可以確保閱聽者專注在這個儀表板上要執行的內容。把折線圖的線條變成灰色，並降低平衡計分卡的飽和度，便能營造出沉穩的印象，製作出就算沒有顏色，也容易讓人瞭解內容的儀表板。

　　當你在使用每種顏色時，建議先試著思考「為何必須使用這個顏色」、「這個顏色會向閱聽者傳達什麼訊息」。假如無法回答這些問題，就應該減少用色數量。

專 欄	**資料視覺化最重要的關鍵是「減法」**

　　多數人在進行資料視覺化時，都會落入一些窠臼，例如「『我該怎麼做』才能適當地將資料視覺化？」或是「好像應該再加上某些內容？」等等。

　　其實，只要停止「忍不住做太多」的習慣，就能大幅提升資料視覺化的品質。

　　我有很多學生及企業客戶在剛開始都會加入詳細資料，使用多種顏色，製作出色彩繽紛的儀表板。為什麼我們總是想放入這麼多東西？

　　通常都是來自不安、自我防衛、下意識的恐懼感。

「我做的事情若沒有全部放進去，可能無法被大家認同。」
「如果被指責或批評資料不完整怎麼辦？」
「因為我太想把訊息傳達出去，而忍不住塞入大量內容。」
「我是出於善意」
「我以為這樣做比較好…」

　　想必上述有幾個想法會引起你的共鳴吧？

　　只要是人，在製作資料時難免都會產生這些不安的念頭。如果你無意間做的事情，其實會阻礙你傳達訊息的話，該怎麼辦？

　　必須停止這樣做，對吧！

　　本書在說明各種技巧時，也說明了很多「必須停止這樣做」的重點。請務必當作參考，試著確認作品中是否有可以刪減的部分。

<table>
<tr><td>4-4</td><td rowspan="2">保險公司：
業務績效儀表板</td></tr>
<tr><td>範例03</td></tr>
</table>

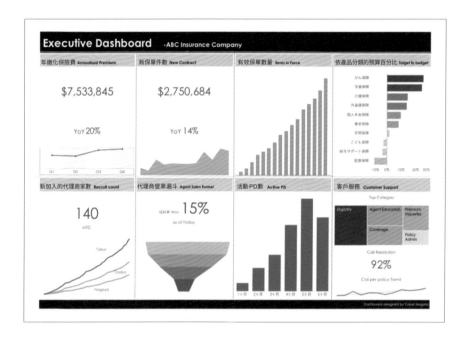

範例 03 - 背景解析

　　證券業、銀行業、保險業等金融機構，通常在全國各地都有分公司，需要做決策或下判斷時，必須隨時掌握整體績效，這點非常重要。本範例就是一間保險公司，它在日本各地有多家分公司與代理機構，我們將以此為儀表板的題材。

　　不論哪種業務，組織內的高層、管理階級、經理、經營團隊一定都會想立刻知道目前的業務狀況。因為他們必須掌握營運狀況是否符合公司的策略及願景、是否有按照計畫達成預算，尤其是業務團隊交出的成績與績效，更是要時時刻刻掌握。

　　可是令人意外的是，許多企業或機構常處於以下狀況。

1. 組織內的高層、管理階級無法完整掌握公司的績效
2. 績效資料沒有共享，所以無法平等對話

因此我們要利用資料視覺化，建構出儀表板，並解決上述這兩個問題。

範例 03 - 閱聽者分析

保險公司的高層、部門主管及其他管理階級。

範例 03 - 製作目的

讓上述這些主要閱聽者都能掌握主要的 KPI，討論公司未來的營運策略。

範例 03 - 使用方法

高層、部門主管會固定舉行 30 分鐘的快速會議，並在該會議上使用這份資料。此外，在主管們搭乘計程車移動的短暫空檔中也能快速瀏覽這份報表。

範例 03 - 需求規格

- 可以立即掌握 KPI 中最重要的「年繳化保險費」與「新保單件數」
- 可以監控現在的指標，同時確認每季的趨勢
- 掌握各種與銷售有關，可能會左右預算的重要指標，包括「年繳化保險費」、「新保單件數」、「有效保單」、「新加入的代理商家數」、「新違約數量」等
- 可以確認業務流程哪裡有疏失

思考流程說明

格線排版

為了可在短時間內快速瀏覽重要指標，要利用列、欄建立自然的視線動線，整體採取格線排版。用直線把畫面或頁面分割成格狀，組合成格線排版，這種版面能讓閱聽者一眼就找到要瀏覽哪些資料。因為看 KPI 報表的使用者，多半都是希望可以每天毫無壓力地追蹤現況，不想花太多時間理解複雜的表格。

此外，格線排版有多種樣式，例如以下的排版方式。

■ 格線排版範例

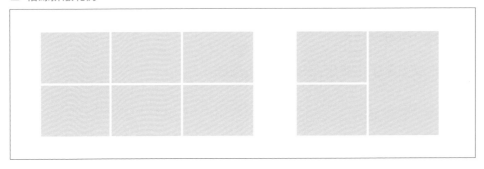

　　此範例是把格線統一成相同尺寸，但是也有很多公司是採取右上圖這種版面，是左邊兩格、右邊一格的排法。

將最重要的指標放在左上方

　　圖表中的 KPI 指標都很重要，若其中有特別重要的指標，則要放在左上方。在第二章已說明過，左上方是視覺效果最好的地方，請將重要指標放在這裡。

■ 與損益表有關的重要指標位於左上方

　　因此，瀏覽這個表單的視覺順序是，先看左上角確認與損益表有關的指標，接著再瞭解支持這些指標的有效保單趨勢，以及各項商品的預算比較。檢視整體狀態，同時觀察各項商品的預算比較，有利於討論哪項商品可達成預算，瞭解無法達成的問題出在哪裡。

　　設計的主要動線是由左往右移動。

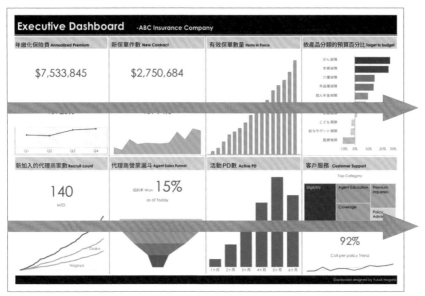

這個儀表板使用了本書多次提到的 BANs 技巧（可參考 P.59）。

提到「資料視覺化」，許多人會認為「必須刪除數字，全都轉換成圖表。」但是對業務有實際經驗的人，通常會想瞭解到個位數的數字變化。如果你有實務經驗，就能感同身受，一定會想知道廣告活動前後對業績的影響，了解詳細的廣告效果。關於這個部分，若用簡潔的文字顯示，並以折線圖呈現變化，就能一目瞭然。

■ 使用文字輔助說明並以 BANs 為基礎的圖表

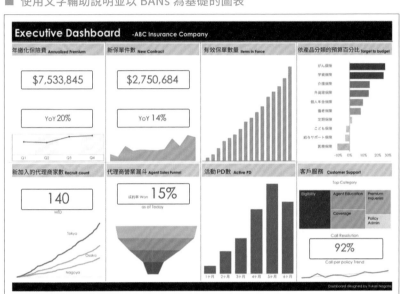

選擇適當的圖表

既然是含有許多業績指標的儀表板，閱聽者如果是管理者們，最感興趣的資料，應該就是「哪裡有缺失？」這裡是用漏斗（Funnel）表示。漏斗是一種行銷概念，意指把消費者產生購買商品的想法變遷轉換成圖表。

以保險業的業務漏斗為例，若要瞭解在哪個時間點失去潛在顧客，可再細分成更多步驟，例如：「與對方聯繫過嗎？」、「開過會嗎？」、「看過設計的保單了嗎？」、「送審核了嗎？」、「簽約了嗎？」等，當閱聽者將滑鼠移動到每個階段或步驟，就會顯示細節。

■ 滑鼠移入，確認細節

其實在商務場合，漏斗型的圖表類型並不常見，但考量到以下因素，我仍然選擇用漏斗型圖表呈現。

- 表達方式簡單
- 利用最小的互動功能就能傳達訊息

漏斗圖能利用形狀來促進理解，漏斗的大小本身有意義，可以直覺地瞭解業務成效。

另一方面，針對獲得新代理商的家數，使用折線圖較適合表現時間的變化，因此在顯示 KPI 詳細數字的格子裡放入折線圖。

■ 用折線圖顯示累積成果

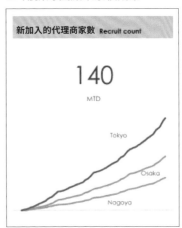

刪除互動功能，讓使用者快速掌握資料

製作時，要考量到這是給高層及管理階級快速檢視用的儀表板，所以要盡量避免需自行操作的互動功能，例如篩選資料或改變參數、日期等，還有捲動畫面，這些功能都不建議使用。要刻意採取不會顯示深度資料的設計，避免在使用者找到想看的資料之前，就產生過多點擊或畫面跳轉的動作。因為如果在這個儀表板加上深度資料，閱聽者會不曉得該注意哪些內容而造成混亂。

最近許多 BI 工具或資料視覺化軟體也具備了動態功能及增加趣味性的功能。但即使如此，也要徹底站在閱聽者的立場，判斷該不該使用這些功能。

4-5

範例 04

人事行政：
人力分析儀表板

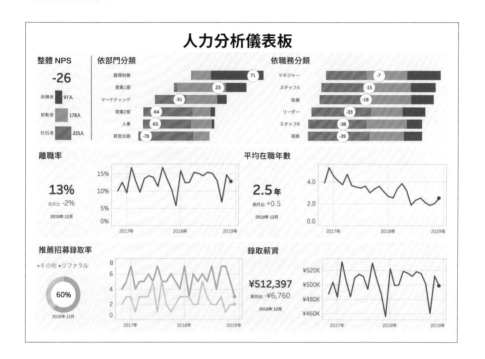

範例 04 - 背景解析

　　近年來，愈來愈多企業會導入「eNPS 人力分析」、「投入度調查」等人力分析。「eNPS」是「Employee Net Promoter Score」（員工淨推薦值）的縮寫，透過調查員工是否願意推薦別人來自己的公司工作，藉此了解員工對職場的投入程度與信賴程度。有些企業甚至會固定觀察 eNPS 指標，當作降低離職率的參考標準。

　　eNPS 調查的核心問題是：「你是否願意把現在在職的公司推薦給朋友？」針對此問題，回答者要以 0 到 10 分給分，答案可分成 11 個等級。計分的方式是，給 0 到 6 分的人稱為貶低者（Detractor），給 7～8 分的人稱為被動者（Passive），給 9～10 分的人則是推薦者（Promotor）。用推薦者的百分比減去貶低者的百分比後，就會得到 eNPS 分數，也就是員工淨推薦值。

評估 eNPS 指標通常是企業的人力資源策略之一，可達到以下目的。例如圖表中的推薦招募 (Referral Recruiting)，就是指由現任員工推薦他人來就職的聘僱方式。

一般都認為 eNPS 與以下這些目的有強烈的關聯性，甚至可以達成這些目的。

- **增加推薦招募，降低徵才成本**
- **預防優秀員工離職 (降低離職率)**
- **提高員工生產力**

■ eNPS 的結構

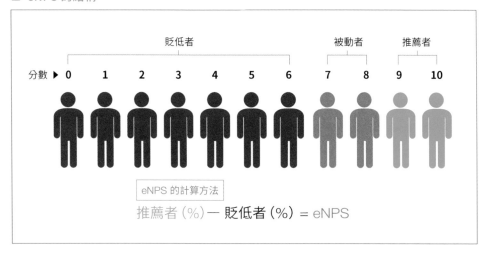

範例 04 - 閱聽者分析

人事部門主管、管理階級等需要參與討論公司未來人力管理策略的人員。

範例 04 - 製作目的

檢視最近關心的離職率、徵才費用 (徵才活動等行銷費)、eNPS 等，可掌握整個組織的健康狀態。瞭解具體數字及資料後，可和人事主管討論未來的人力策略。

範例 04 - 使用方法

在人事會議上檢視儀表板並討論。

選擇適當的圖表類型

　　評估 NPS（淨推薦值）時，最重要的資訊是每個類別的比例（貶低者、被動者、推薦者的比例）而不是分數。

　　假設 eNPS 同樣是「20 分」，究竟是推薦者 50%、貶低者 30%，還是推薦者 20%、被動者 80%、貶低者 0%？依照比例的差異，員工的投入狀況及分布將會完全不同。因此要選擇可以同時瞭解分數與推薦者、被動者、貶低者比例的圖表。

■　分向堆疊長條圖

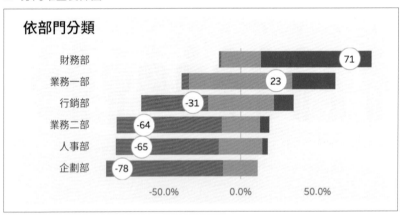

　　分向堆疊長條圖會顯示起點，同時瞭解每個類別的比例，因此最適合這個目的。

　　上面這種圖表，特別適合用在「調查」、「面試」等回答資料的分析用途。尤其是以李克特量表（Likert Scale）為基礎的調查資料（請參考右頁）所做的圖表。

右圖的「李克特量表」是一種
設問式調查。問卷中會提供包含
多種階段（程度）的選項，例如
「非常不滿意」、「非常滿意」來
回答問題，右圖就是具有代表性
的設問範例。

你對公司營運狀態的滿意度如何？

○　　　　○　　　　○　　　　○　　　　○
非常不滿意　　不太滿意　　不好說　　有點滿意　　非常滿意

　　利用分向堆疊長條圖，清楚顯示中立點（零），可以直覺地瞭解、比較每個部門的
貶低者、被動者、推薦者的比例。
　　如果只想瞭解多個 NPS，甚至 eNPS 的分數時，通常不會使用這種圖表，只想
顯示分數吧？但是這樣一來就會忽略貶低者、被動者、推薦者的比例。另一種狀況
是，給了 7 或 8 分的「被動者」只要增減一分，就會立刻變成推薦者或貶低者。
換句話說，如果是被動者較多的情況，也可以視為成為推薦者的機會也較多。
　　以下是使用普通長條圖的範例。

■ 呈現 eNPS 分數的範例

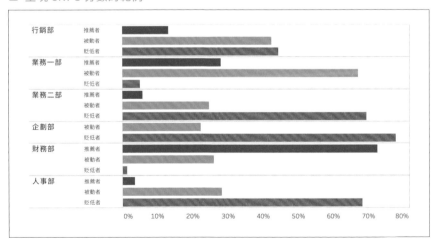

你應該會發現，要從上圖中取得資料非常麻煩。以李克特量表為基礎的調查資料應該改用分向堆疊長條圖（Divergent stacked bar chart），以便從中得到建議。

可進一步依照部門或職務提供建議

檢視每個部門、職務的 eNPS 分數，與整體 eNPS 做比較，可以瞭解每個部門與職務的狀況。例如「拉低 eNPS 的是哪個部門或哪個職務？」這應該是每個人都想瞭解的資料。此外也能藉此思考「想到這個部門或職務的理由是？」、「哪個部門或職務有特殊趨勢？」這樣比較容易引導出新的建議。

顏色

一般而言，推薦者通常會使用綠色，而貶低者是使用紅色，但是前面提過，色盲患者無法分辨紅、綠色，因此這次的配色也有考量到色彩通用設計。

仔細記載資料的「時間點」

要處理離職率、平均工作年資、徵才成本等和時間長度有關的多種項目時，就要仔細記載資料的時間點，這非常重要。尤其是這種要整合多種資料來源的儀表板，通常取得資料的時間點都不一致，所以在討論時，必須以資料的時間點為前提。

■ 顯示取得資料的時間點

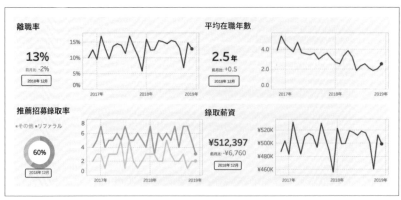

在每個指標的前面都顯示摘要

在每個指標的前面，都標示出可以瞭解現況的大型數字，可立刻掌握狀況。這些數字非常重要，在此也發揮了 P.59 提到的 BANs 精神。

■ 將想強調的數字放大

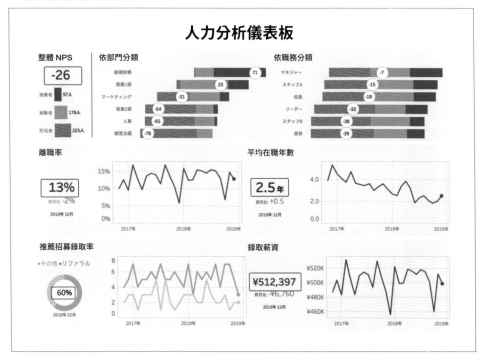

4-6　會計與帳務稽核：班佛分析圖表
範例 05

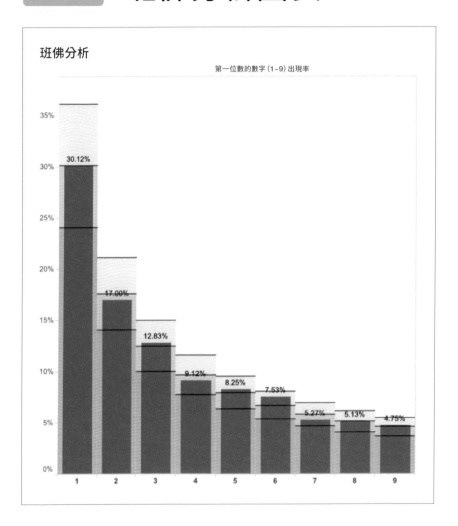

班佛分析

第一位數的數字（1~9）出現率

範例 05 - 背景解析

　　先舉個例子來說明。如果要將今年的購物價格一字排開，會得到這樣的結果。
1980、280、1500、1450、120、50、138、……。

神奇的事情發生了，你發現了嗎？這些價格數字，開頭經常是「1」，很少會是「9」，這種狀態稱為「班佛定律」(Benford's law)。

精確一點來說，第一位數的數字出現率，如右表所示。

為什麼會這樣呢？你只要在網路上搜尋「班佛定律」，立刻就能找到答案，但不是本節的重點，因此我先省略不提。

■ 第一位數的數字 (1~9) 出現率

數字	百分比	數字	百分比
1	30.1%	6	6.7%
2	17.6%	7	5.8%
3	12.5%	8	5.1%
4	9.7%	9	4.6%
5	7.9%		

在必須驗證數字真實性的內部稽核等領域，可以利用上述的「班佛定律」來當作偵測假資料或假交易的方法。例如報表中第一位數為「1」的比例是 10%，但「6」的比例是 12%，這個結果就明顯地不自然。這可能是因為進行假交易的人不知道班佛法則而虛報或竄改數字。這一節我們就要思考透過視覺化來偵測非法行為。

此外，若要從數學的角度來說明班佛法則，必須使用對數 (log) 進行計算，雖然我在背後也執行了這種計算，但是這本書的重點是資料視覺化的設計，而不是數據計算，所以我就不詳述計算的部分了。

範例 05 - 閱聽者分析

從事內部稽核的人或與稽核有關的顧問。

範例 05 - 製作目的

透過資料視覺化找出粉飾預算或非法行為的痕跡。

範例 05 - 使用方法

- **負責內部稽核的人**
- **負責核對應付帳款、客戶退款資料、重複付款、收支內容的人**
- **持續監控詐騙行為的人**

思考流程說明

活用「參考色帶」與「參考線」可協助理解

　　確認資料內的數值是否按照班佛法則，這種分析方法就稱作班佛分析。本例這個儀表板是用來顯示班佛分析的結果，設計時建議加上參考色帶、參考線，可以立刻瞭解數值接近班佛法則的程度。參考色帶及參考線可以用來辨識在連續座標軸上的特定數值或範圍。

　　以右下圖為例，將參考色帶設定為 80%、100%、120%，並加上參考線，即可瞭解與 100% 的偏離程度。

　　比方說，從這張長條圖可瞭解「開頭2」的資料為 17%，這時可以同步對照班佛法則，以瞭解符合的程度。

　　只要加上線條與背景色，辨識圖表時就變得很簡單。這種使用線條與顏色等視覺屬性的視覺化，不僅容易懂，也能產生強烈的視覺效果，降低認知負荷。

■ 加上參考色帶與參考線

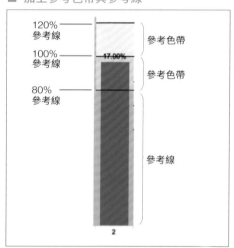

選擇顏色

　　這裡是指參考色帶的顏色。參考色帶只是用來幫助閱聽者瞭解資料的輔助工具，因此刻意使用灰階的色彩，避免過於強烈。

利用細線輔助理解

　　除了參考色帶，還有加上較細的參考線。參考線如果太粗，可能會擋住長條圖的一部分，反而無法瞭解是否符合，因此一定要用細線。

改用其他圖表類型來顯示班佛分析結果

如果要檢視整體的分布趨勢，使用長條圖會比較容易理解。不過，如果你希望把圖表的重點放在「根據班佛法則，每個開頭數字出現的比例是多少？」這種結果也可以使用圓點，因為圓點很適合表示距離某一點的位置。

比方說，從下圖的資料可以瞭解，開頭數字為 3、4、7 時，距離預測狀態最遠。

■ 使用圓點來顯示班佛分析結果

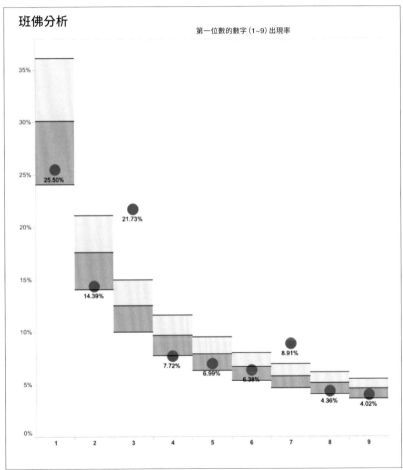

上圖已能充分瞭解，但是若想讓人更注意，在離群值加上顏色也有很好的效果。

■　在離群值加上醒目顏色

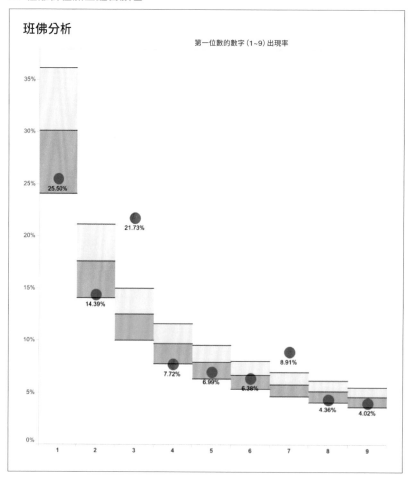

4-7 監控企業費用：
範例06 費用分析儀表板

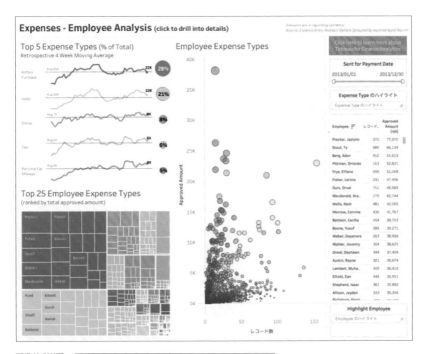

引用來源「費用-員工分析」Tableau for finance

https://public.tableau.com/app/profile/tableau.for.finance/viz/
ConcurExpenseDemoWorkbook/Expenses

範例 06 - 背景解析

　　已經有愈來愈多企業導入「SAP Concur」、「MoneyForward」這類雲端型費用精算系統。當然有部分雲端型費用系統也內建了視覺化功能，但是有些指標及瀏覽方式受到限制，所以很少人使用。多數企業會使用系統跑出來的資料另外做分析，或搭配企業內的其他資料，進一步深入探討。

159

　　尤其是在全球有多家分公司的製造業、金融機構等,通常會想要監督海外分公司的費用。只要掌握資料,就能分析費用,檢視及監督費用的用途,非常方便。

　　提到監控費用,人們往往會把重點放在「調查不實核銷」或「縮減費用」,但是「公司的費用是否花在刀口上?」這個觀點也是很重要的。如果費用沒有花在正確的用途,就會產生與公司策略不一致的結果。

　　以下將會以「差旅交通費」、「交際費」等常見的題材來分析,為你介紹有列舉出費用科目的費用分析儀表板。

範例 06 - 閱聽者分析

- **負責規劃費用策略的人**
- **負責監控費用的人**

範例 06 - 製作目的

　　可以用在組織內的費用最佳化,也可以用來調查不實核銷與費用管理。

範例 06 - 使用方法

　　處理企業費用的部門,通常會使用雲端型費用精算系統擷取的資料進行分析,以掌握費用概要,同時也可藉此瞭解每位員工在一定期間內的費用用途及核銷金額,可以有效管理來自雲端費用精算系統的資料。

思考流程說明

根據問題選擇日期區間

　　每個人在檢視儀表板時,需要用多大的時間軸區間來檢視,需求可能都不一樣,因此儀表板要具備可彈性選擇日期區間的功能。

　　尤其是費用計算,日期與區間是至關重要的。

■ 設定成可改變付款日期

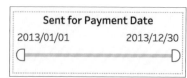

顏色

在這個儀表板內,會按照機票、住宿費(飯店費用)、晚餐餐費等項目,分別使用相同顏色。讓相同的費用就使用相同的顏色,可降低認知負荷。這樣一來,就不會因為在同一個儀表板內一直出現相同顏色,而讓閱聽者覺得混淆。

■ 讓相同的費用顯示相同的顏色

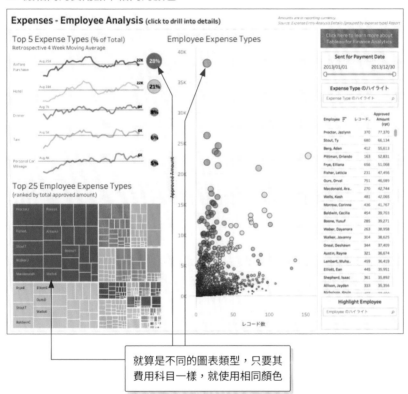

就算是不同的圖表類型,只要其費用科目一樣,就使用相同顏色

動態搜尋資料的設計

這份資料視覺化圖表還有採取動態設計,當使用者點擊散布圖上的某一筆交易(這裡是指費用申請),就會顯示該筆交易的摘要(顯示是誰以什麼費用的科目,在哪個期間內花掉了費用?)同時也能瞭解這個「人」還花了哪些費用。

■ 點擊散布圖上的一筆交易時的畫面

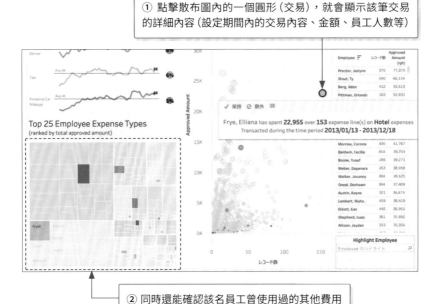

① 點擊散布圖內的一個圓形（交易），就會顯示該筆交易的詳細內容（設定期間內的交易內容、金額、員工人數等）

② 同時還能確認該名員工曾使用過的其他費用

　　這裡使用矩陣式樹狀結構圖（Tree Map），可立即呈現出該費用類別中花費最高的員工。當你在散布圖內點擊了該筆交易，就能立刻瞭解該名員工還有哪些花費。

多元化的角度

　　這個儀表板設計成可以從多元化角度探索「費用」這個問題。提到費用分析時，可能會想確認組織內的費用科目變化，也可能希望檢視員工個人的花費內容，甚至還可能想瞭解組織內依費用科目的花費，找出費用策略最佳化的線索。這個儀表板準備了各種角度，提供各種分析的起點。

　　尤其是這次的主題「費用」，評估需求依公司而異，有時會希望能從各種觀點或角度來評估，而資料視覺化的威力就是可以機動性地達到這個目的。

■ 這個儀表板可以顯示的其他資料

費用類別變化及比例、平均變動值

可以用員工姓名搜尋

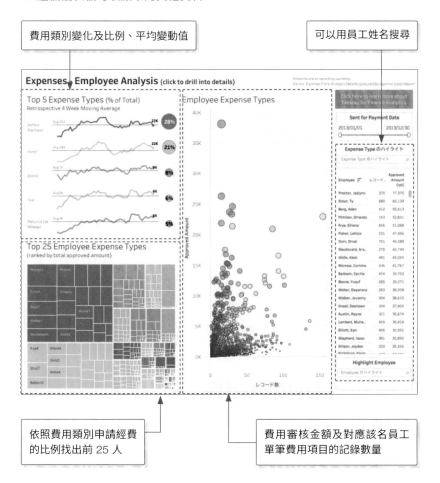

依照費用類別申請經費的比例找出前 25 人

費用審核金額及對應該名員工單筆費用項目的記錄數量

4-8
範例 07
使用行動裝置檢視
累計營收與年增率 (YTD/YoY)

範例 07 - 背景解析

在過去，企業大多會將與專案有關的 KPI 顯示在電腦上，但是隨著時代的變遷，愈來愈多企業使用行動裝置來進行內部會議。除此之外，如果是整天在外面跑客戶的忙碌業務員，應該也希望能用行動裝置隨時檢視資料的分析結果吧！

這個範例就假設我的公司是提供顧問諮詢服務，而在行動裝置上設計以下範例，範例中的資料僅供參考。

範例 07 - 閱聽者分析

經營者、總經理等必須隨時掌握重要指標，做出決策的人。

範例 07 – 製作目的

檢視並瞭解主要的銷售指標,協助專案進行及將來的運作、人力分配等決策。

範例 07 – 使用方法

在搭計程車或捷運等不便使用電腦的環境,可利用智慧型手機或平板電腦瀏覽。

範例 07 – 需求規格

- **一看就能瞭解重要指標**
- **可以調整時間軸,調整時重要指標會同步產生對應的變化**
- **同時顯示目前為止累積的營業額及與去年同期比較的結果**

思考流程說明

行動裝置的版面設計因為空間比較受限,無法像電腦版那麼大,所以在排版時,要考慮到比桌上型版本更多的細節。此外,與電腦版的儀表板相比,行動版儀表板的分析需求通常是不同的,所以在選擇資料時,必須更加慎重。

■ 本範例的設計

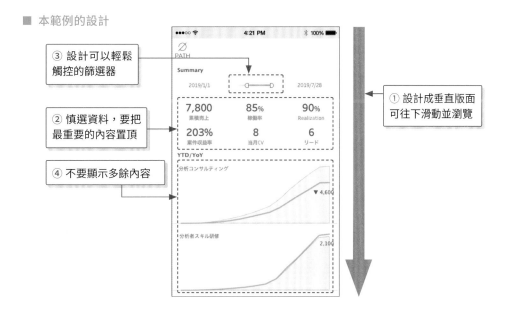

① 設計成垂直版面

　　大部分的人手握行動裝置時，都是將裝置直立握持，因此行動裝置的畫面通常是設計成縱長型，方便使用者用手指往下捲動或移動畫面，所以資料的排版方式一定是以垂直方向為主。因此，請在「垂直瀏覽」這個前提下設計資料或版面。

② 將重要內容置頂

　　行動裝置網頁的版面比電腦版小很多，所以要優先放置最重要的內容。說得極端一點，我們會把在這個主題中，「只要看過，大致就沒問題」的內容放在最上面。這裡必須注意的是，請不要把頂端分割成小區塊，又塞入大量資料。空間分割細密的設計並不適合以行動裝置快速瀏覽資料的需求。

③ 設計適合觸控的篩選器

　　這是很多人容易忘記卻非常重要的一點。通常儀表板是製作桌上型電腦的版本，而桌上型電腦的 UI 操作是用滑鼠執行，因此往往會疏忽用手指是否容易操作 UI。可是實際上在行動裝置操作時，如果很難用，使用者往往會立刻放棄使用儀表板，必須特別小心。製作行動裝置的儀表板時，請先測試每個物件是否能正常觸控。

　　以下是手指觸控部分的建議尺寸。

■ 手指觸控部分的建議尺寸

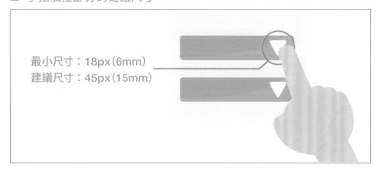

最小尺寸：18px(6mm)
建議尺寸：45px(15mm)

　　在行動裝置上，若是篩選器反應的空間太過狹窄，或是篩選器的數量太多，不易檢視時，閱聽者可能馬上就會放棄不用，因此必須特別謹慎。

④ 不要顯示多餘內容

請刪除座標軸等不需要的部分。　■ 清除座標軸

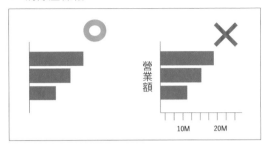

行動裝置版的設計技巧

以下再整理幾個設計行動裝置用的儀表板時，必須注意的事項。

必須做的事

- 盡量簡化選單與導覽列等操作 UI
- 釐清資料的焦點
- 設計 UI 時，盡量使用滑動、輕點的觸控方式
- 要在實際的裝置上仔細測試
- 適度地留白
- 標題要盡量簡短
- 關閉地圖的縮放功能

要避免做的事

- 同時使用多種視覺屬性
- 複雜的交叉分析
- 使用需滑鼠點擊或滑鼠移入的操作方式
- 觸控區域過窄，沒有留白
- 捲動長度過長

以下的內容也是重點。

避免使用包含超多資料點的圖表

■ 散布圖內出現大量資料點

如右圖這種資料點過多的圖表，渲染畫面時往往會造成系統負擔，使裝置的效能降低、反應速度變慢。因此在設計行動裝置版的圖表時，都要先進行包含效能在內的測試，這點很重要。

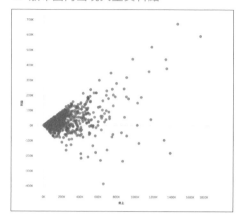

避免在行動裝置上使用文字標籤

■ 避免如下圖在行動裝置上使用許多標籤

行動裝置上必須避免使用大量標籤或文字，以免造成視覺干擾。但如果是有需要而必須使用時，請注意以下幾點。

- 字體大小請設定成 **12pt** 以上，才能提高可讀性
- 盡量少用標籤
- 說明內容請控制在一行或兩行之內

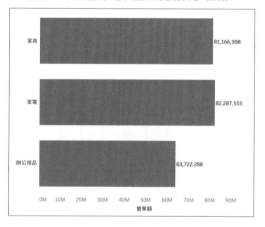

第 5 章

真正在組織內紮根

本書的最後一章，將提供許多重點技巧與訣竅，幫助你徹底運用前面
學過的知識，進一步提升你的資料視覺化能力。以下將說明的重點，
不僅會介紹資料視覺化的技術，還會說明如何將技術發揮事半功倍的
效用。有些重點即使是高手也容易忘記，請趁此機會學起來。

如果光靠你自己的想像，不太可能讓儀表板在組織內紮根，唯有瞭解
閱聽者的需求，才能真正建構出符合組織需要的儀表板。製作出可以
長期使用的儀表板已經不容易，要在組織內活用資料更不容易，並非
一蹴可幾。這一章我們要稍微拉遠來看，從組織內的角度，說明運用
資料時的重點。

5-1　站在閱聽者的角度思考

到目前為止，本書中多次使用了「閱聽者」(audience) 這個名詞。這一節將再次確認含義，「閱聽者」就是儀表板的「使用者」或「檢視者」。

針對不同的閱聽者，需要設計不同的儀表板，得到的評價也不一樣，這點毋庸置疑。可是，雖然我們很清楚，卻很容易因為只想到分析資料，而忘記閱聽者是誰。

製作分析內容或儀表板時，都應該要思考：要給誰看？並且要站在這些人的角度思考：該怎麼進行資料視覺化？

舉例來說，在決定重要指標時，可以按照以下的方式來思考閱聽者屬於哪一類，這樣會比較容易瞭解。

高階管理者

對象：公司的總經理、公司以外的外部人士
想看的內容：該指標是好是壞 / 是否有依計畫進行？

中階主管

對象：公司的經理等主管
想看的內容：團隊如何對該指標做出貢獻？今後應該將重心放在哪裡？

基層員工

對象：實際執行工作的人
想看的內容：具體要做的工作或是專案進度

大致如上所示。接下來將根據上述內容，列舉出具體的部門範例。

■ 範例 1　想調查開發團隊的錯誤率

高階管理者	對象	產品開發部長
	想看的內容	錯誤率是否低於當初的預期？
中階主管	對象	產品經理
	想看的內容	我們團隊的錯誤率是多大？
基層員工	對象	工程師
	想看的內容	與錯誤有關的 log 資料及相關的詳細內容

■ 範例 2　想確認業務團隊的成績

高階管理者	對象	業務部長、公司以外的人士
	想看的內容	是否達成預期業績？
中階主管	對象	業務經理
	想看的內容	如何超越預期業績？
基層員工	對象	業務員
	想看的內容	顧客資料、訂單記錄、與顧客的溝通記錄

如上所述，在組織內的立場不同，閱聽者希望看到的資料也會不一樣。

針對各層級人士列出設計時的考量重點（範例）

以下再列出思考的重點。基層員工的差異較大，所以用中高階管理者來舉例。

高階管理者角度：簡單來說就是「整體是否順利？」

• 多半透過電子郵件或投影機檢視儀表板

• 投影時需要放大文字，因此要使用容易判讀的文字（在會議室播放時，要考量坐在後面的人是否也能看清楚？）

• 只聚焦在幾個關鍵圖表，設計要簡單明瞭

• 針對行動裝置瀏覽最佳化

中階主管角度：團隊是否能順利執行？

• 通常會使用筆記型電腦或桌上型電腦瀏覽儀表板

• 重點放在需要哪些資料才能改善、提升現狀？

要製作哪種儀表板？這一點會隨著閱聽者的需求而改變。正因為如此，我們必須想出閱聽者真正想要或想問的內容。若沒有經過篩選，把所有內容都放進去、想要迎合每個人，卻可能收到反效果。應該很多人有過這種經驗，嘔心瀝血做出儀表板或是有趣的分析，傳給身邊的人們，結果卻沒有人想看。

我們必須認清一件事：儀表板無法迎合每個人，要針對不同閱聽者及不同目的，製作出不同的儀表板。

舉例來說，如果是要給忙碌的高階管理者，他們要花幾分鐘才能瞭解這些資料？這些資料能在行動裝置上看嗎？還是要在會議室簡報？簡報對象是基層員工嗎？

請想像這些狀況，思考應該放入哪種資訊，以製作出符合閱聽者需求的儀表板。

下圖是檢視資料詳細程度與職位的示意圖，請按照閱聽者來思考資料的詳細度。

■ 資料詳細程度與階級示意圖

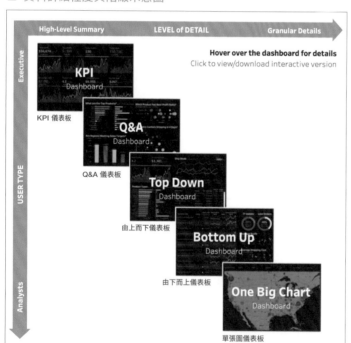

引用自 Data Ninja
的作品，作者已重新組合

https://public.tableau.com/
app/profile/dataguy1986/viz/5T
ypesofDashboards_161758572206
70/5TypesofDashboardshboards

有時會看到令人難以理解的複雜儀表板，探究其根本的原因，通常是因為把不同閱聽者需要的內容全都塞進去了。如果能依照高階管理者、分析人員、管理人員、基層員工等需求逐一分解，應該立刻就能一目瞭然，也會讓人想要理解。

營造統一感

如果想盡量減少閱聽者的壓力，讓他們輕鬆地把注意力集中在儀表板上，建議要營造出「統一感」。以下兩點就有助於提升儀表板內的統一感。

一致性（Consistency）

在同一份資料上，LOGO 的運用、字體、顏色等都要維持一致性。許多企業會根據不同用途而設計多款 LOGO 標誌，但仍建議要在組織用的儀表板上使用一致的LOGO，強調一致性，可以讓整體呈現出俐落的印象。

避免使用過多字體

字體也要注意統一感，盡量避免在同一份儀表板上使用過多字體。

許多企業也有制定內部簡報用的字體或企業標準字，就像使用企業標準色一樣，有固定的規範。在進行資料視覺化或製作儀表板時，可參考標準字，先決定好要用的字體。在組織的儀表板使用固定的字體，比較容易營造統一感和專業感。

顏色

建議先替組織或部門製作內部專用的「色板」或「色票」。

製作色板的意思是，先規劃好組織內部儀表板的「使用色」。之後就算儀表板的數量變多，也能維持色彩統一感，不用思考複雜的設計技巧，也會顯得簡潔俐落。

建立範本 (Template)

　　預先替組織用的儀表板建立範本，包括設計標題或工作表等格式，也非常重要。儀表板的範本，就像是簡報的範本一樣，都是為了確保重現性 (Repeatability)，可讓新進人員或從未製作儀表板的人，也能套用範本、順利製作出整齊的儀表板。

■ 範本範例

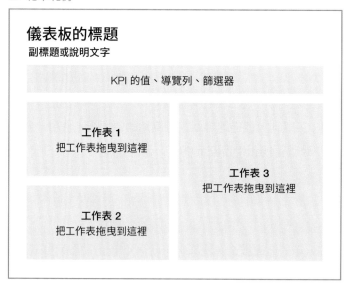

　　預先準備適合公司商業模式的範本，收到新的需求時，就能輕易地開始製作。

重視閱聽者回饋的
價值與重要性

所謂「回饋」，是指收到使用者或閱聽者對於你的工作、負責的產品、創作物的建議或評價。獲得回饋，最重要的目的就是為了進行改善。

資料視覺化的回饋，重點通常是放在這幾點：你的資料視覺化是否有妥善地運用資料？是否完成能輕易傳達給閱聽者的內容？怎麼做才能更上一層樓？等等。

你在本書前面幾章，已經學過資料視覺化的概念、基本技術、範例等，這些就是所謂的「輸入」（input）。但是如果要把這些學到的東西當作基礎，實際「輸出」（output）、驗證自己的資料視覺化技巧，就需要收到高品質的回饋。

要建立一個可穩定收到高品質回饋的環境，是很不容易的。在以下文章中，我想整理出一些重點，提供你在給予或接受回饋時的建議，讓你可以與身旁的人們互相切磋，磨練資料視覺化的技巧，請務必當作參考。

何謂活用知識

大部分的人認為，只要不斷「輸入」與「輸出」相關知識，就能提升資料視覺化的技巧。可是這樣根本無法吸收，其實是毫無效率的。要實際活用從本書「輸入」的知識、做出作品、接受其閱聽者的回饋並進行改善，經過這套完整的流程，才能真正提升你的能力。

比方說，應該有很多人想原封不動地使用本書在「資料視覺化設計」的內文提供的範例作品吧！在我的課堂上，也有些學生只根據儀表板構造中的版面來判斷是否適合自己，然後就認為「不行，不能用」。

這些人只是模仿了皮毛，就算看了幾本書，上了幾堂課，也無法運用這些知識。

若只模仿外觀，不論花多少時間，都無法提升資料視覺化的技巧，這是為什麼？

因為資料視覺化的知識與技術，要根據使用者或資料的實際狀況，製作出具體的內容，才能創造出有價值的結果。使用了特定領域的人才能想到的分析角度或專有名詞，這份作品才具有真實性與價值。只如果是把這本書及其他書籍中的圖表拼湊成自己的，或是只模仿版面，根本就不會進步。

在本書的第四章，我列出了各類具體的儀表板範例並進行解說，但是請大家不要只模仿外觀而勉強套用你的狀況，請根據實際的狀況及經驗來活用。

■ 活用知識

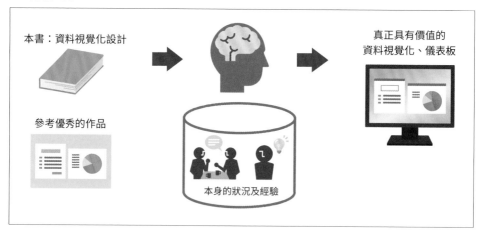

回饋的必要性

雖說要根據自己的狀況來活用知識，但是具體該怎麼做，你根本毫無頭緒對吧！此時就需要閱聽者的回饋來幫助我們進步。

你現在已經準備好活用本書提供的大量知識來做出成品。不過在活用過程中，你也可能發生理解錯誤，或是經驗不足、沒有徹底理解的問題。即使我身為作者也會這樣。在這種狀況下，就需要一個可讓你發現錯誤的「環境」。

所謂當局者迷，我們本來就很難發現自己的錯誤，或瞭解不夠深入，而且還自以為是，就算是經驗豐富的人也會如此。我在製作儀表板時，都會盡量多找幾位和我立場不同的人來取得回饋。愈是自己認為「這樣很完美！」，愈應該注意。

此外，不能只是接受回饋，還得取捨是否要採納回饋的意見，這點也很重要。

以下是我取得回饋的方法和範例。

- 將作品發表在 Twitter 等相關社群網站，取得國內外重要使用者的回饋
- 在資料處理相關主題的封閉社群內，取得許多使用者的具體回饋

　　想要不斷改進自己的作品，製作出更好的成果，就需要高品質的回饋。可是，也可能會遇到許多問題而窒礙難行。下一節我將介紹幾個在公司內部取得高品質回饋的訣竅。

回饋要具體化

　　對別人的作品給予回饋時，若含糊地回覆說「整體來說都不好」，別人聽起來的感受如何呢？對方大概不會再請你提供回饋了吧！在提供資料視覺化的回饋時，要注意的就是盡量具體地討論每個論點，讓對方能立刻採取具體的行動。

　　比方說，本書在用色部分說過要盡量減少顏色數量。如果覺得對方的作品在用色方面有待改善，可以提供回饋給對方，例如「這個部分用了太多顏色，無法有效地傳達訊息，建議可以改用單色來強調。」

　　相對來說，如果說「這個部分不適合使用圖片或範例」，聽起來就像是在抱怨。提供回饋時，請先想像對方得到你的建議時，是否能夠立刻採取具體行動。抽象的回饋很難與接下來的行動連結，回饋愈具體，愈能幫助對方，也比較容易改善。

　　此外，如果要提供具體的回饋，作品必須有一定的完整度。有些人為了盡量避免工作重來，在著手之前，會等所有的事情底定之後，才開始做具體的作業。但是在沒有具體成型的時期，抽象的「概念」無法取得高品質的具體回饋，因此建議作品至少要完成 70% 以上，再尋求回饋。

　　附帶一提，回饋並不只是在找問題，明確地說出作品優點，也是很重要的回饋。因為通常大部分的作者都沒有注意到自己的「強項」。如果作者知道自己的強項，發揮這個部分，就能有效地改善作品。

回饋要即時

回饋必須即時，對方才能立刻採取行動，而不是拖到好幾個月後。假如有人需要你提供回饋，請盡量立即給予回應。若你是接受回饋者，也請努力盡快取得回饋。回饋時都必須思考到，回饋將帶動具體的行動。

回饋要針對作品而非個人

首先，最好收到製作者的請求再去給予回饋。若在對方沒有提出請求的狀態下，就貿然對其作品提供一堆意見，聽起來會好像在攻擊對方，對方也會覺得很奇怪，為什麼你會突然這麼說？

等收到對方請求之後，也要注意是針對該作品而非個人，給予客觀的回饋。

接受回饋時的重點

在我印象中，尤其是在日本，很少人會積極地接受別人的回饋。原因可能是他們認為對作品的回饋是非常私人的事情，或是覺得自己很努力，卻收到負面的評價，會不知道該如何是好而感到焦慮。

其實，接受別人回饋也是有技巧的。

有時回饋聽起來可能像是對個人的批判，如果對方是批評你這個人而不是針對你的作品，那就無須理會，因為你需要的是可以改善作品的建設性回饋。

接受回饋時，最重要的不是自我防衛，而是從「傾聽」開始。即使得到不認同你的回饋或建議，也要感謝對方花時間提供回饋。最重要的是，要仔細思考是否要將對方的建議納入自己的作品中。

5-3 深入了解儀表板 背後的資訊

　　資料視覺化就字面上來看，就只是在「視覺化」，因此往往只提及眼睛看得到的部分。可是最重要的內容，其實是上一節所說的，要徹底貫徹重視閱聽者的原則，並制定課題。因為當閱聽者感到無聊或不易閱讀時，立刻就會放棄瀏覽。雖然這個道理十分簡單也理所當然，可是一旦我們專注在做視覺化，就很容易疏忽。

　　我認為資料視覺化的深層部分正好可以用冰山來說明，下圖就是以概念化的方式來說明出現在儀表板表層及其背後隱藏的內容。

■ 儀表板表層及其背後隱藏的內容

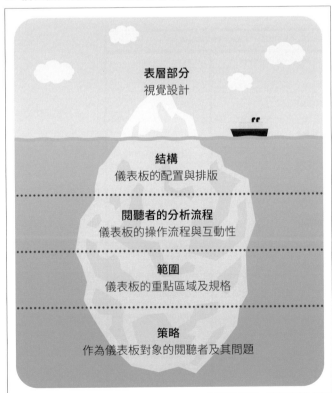

　　上一節說明的「重視閱聽者」，是冰山最下面「策略」的元素之一。以下將逐一解說上圖顯示的元素。

表層部分：視覺設計

儀表板的表層部分就是指眼睛看得到的視覺設計，以及「視覺化」的圖表部分。這就是前幾章花了很多篇幅解說的「依目的選擇圖表」。

「要選散布圖？還是長條圖？」、「如何配色？」、「要選擇哪種字體？」等問題，都屬於視覺設計的部分。

結構：儀表板的配置與排版

結構是指要把儀表板配置在哪裡，整體該如何排版，特別是指版面的架構。我用下圖來說明，就是指含線條的骨架。接下來也將用這個儀表板當作本節的範例。

■ 版面架構範例

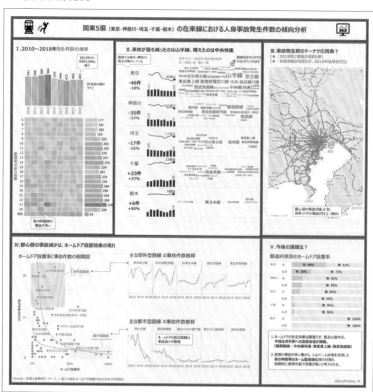

 「關東五縣鐵路發生意外事故的件數趨勢分析」（Yoshihito Kimura 製作）

https://public.tableau.com/app/profile/yoshihito.kimura/viz/5_679/1

閱聽者的分析流程：儀表板的操作流程與互動性

這個部分與「結構」也有點關係。是否可以按照閱聽者的思考或操作流程，確實遵照該流程去規劃，是否要把相關功能加在儀表板上並得到落實。

一般而言，設定參數或篩選器等選單、設定點擊某個物件後產生反應或改變資料等，都是屬於操作流程的部分，也可稱作導覽設計。下圖顯示了點擊後會出現其他資料的狀態，在選取時，該「選取」多大範圍以及如何選取，都屬於這個部分。

■ 當滑鼠移上特定時段，就會顯示該時段所發生的事故件數

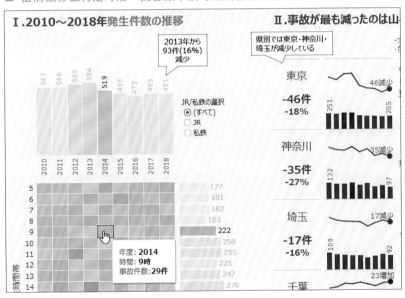

■ 點擊路線名稱時，會強調在該路線的車站所發生的事故件數

山手線		
發生箇所	2010	2018
總計	21	3
渋谷駅	1	2
原宿駅	1	
新大久保駅	1	
高田馬場駅	1	
目白駅	1	
池袋駅	1	
大塚駅	1	
巣鴨駅	1	
田端駅	1	
西日暮里駅	2	
鶯谷駅	1	
上野駅	1	
御徒町駅	1	
東京駅	2	
有楽町駅	1	
浜松町駅	1	1
田町駅	1	
品川駅	2	

範圍：儀表板的重點區域及規格

這個部分是探討該把儀表板的重點放在哪裡？要滿足閱聽者的何種需求？反之，也可以思考哪些不是重點？以上面這個儀表板為例，「各時段的事故件數」、「哪條 JR 線的事故增加或減少？」、「月台門安裝率與事故件數的關聯性」、「日本各都道府縣的月台門安裝率」等，都可以說是重點區域。

策略：作為儀表板對象的閱聽者及其問題

這是最根本的基礎部分。究竟誰才是閱聽者？閱聽者真正的痛點是什麼？儀表板要用來解決什麼問題？

問題的核心，亦即儀表板的根本目的，就是這裡所說的策略部分。

說到儀表板的視覺設計或版面，很多書都有教，這本書也解釋了不少，但是真正重要的核心，卻都是隱藏在水面下的深層內容。

■ 冰山的下半部最容易被忽視

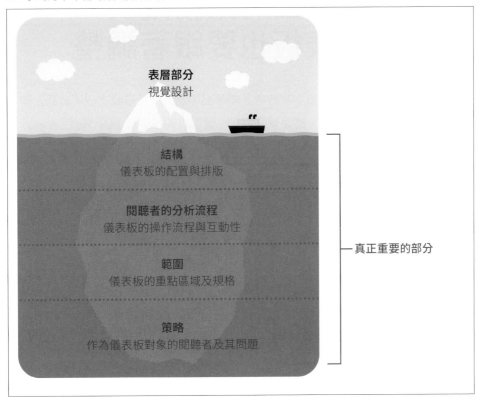

我在上一節也說明過，如果要建構能在組織內部紮根的儀表板，就要制定課題，徹底定義閱聽者，這非常重要。如果沒有落實這點，儀表板可能很快就不適用了。

5-4 隨著公司業務成長
儀表板也要跟著調整

　　在此提一下我個人的小故事。我曾經長期睡眠不足，尤其是晚上很不容易入睡，約莫在三年前身體出了狀況，於是我購買了一個可以裝在手機上的「睡眠 app」。

　　這個 app 可以管理睡眠深度以及開始入睡的時間，提高了我想確保睡眠時間，讓身體變健康的動機。

　　由於這個 app 可以監測睡眠中發出的聲音，並推測出指標，所以能輕鬆地記錄那些很難自己測量的睡眠深度等數值。

　　當我檢視這些測量資料，就瞭解到我平時是因為不停加班，導致神經一直亢奮，就不易入眠。這樣一來，我就能思考個人的「睡眠對策」，例如平日要減少加班，而且回家之後要放鬆情緒，讓緊繃的精神緩和下來。

　　沒錯，這個 app 不僅能測量我的睡眠時間及睡眠品質，甚至改變了我的行為，現在晚上我都會盡量不滑手機，盡早入睡。

　　在使用 app 的過程中我漸漸習慣了，後來即使不看 app，也能根據當時的身體狀況瞭解許多事情，甚至不再需要用 app。就某種意義上來說，這個 app 變成我的睡眠教練。

　　可是隨著我的成長與變化，我想知道的「問題」也改變了。當我的身體狀況轉變之後，我想知道的不再只是睡眠時間及深度而已。

　　我還想知道「溫度、濕度、氣壓等天候狀況會對我的睡眠品質造成什麼影響？」、「能不能從睡眠的情況瞭解我是否容易感冒？」、「在哪些條件下我可以獲得良好的睡眠品質？」等等。

前面提到的 app 無法回答這些問題。當然，app 提供的資料與我剛開始使用時是相同的。但我的目標及問題已經改變了，導致 app 無法解決我新的問題。

這種情況也可能會發生在商務場合。若儀表板無法和使用者一起與時俱進，就會被棄置。你的公司或許也有一些不再使用、沒人看、放著不管的儀表板吧？

這一節我將解說避免儀表板過時的解決方法。

定期檢視與檢討 KPI

你在製作儀表板時所建立的 KPI，可能是建立當時的設計，但你可以維持和一年前一樣的 KPI 嗎？

你必須思考現在監測的 KPI 是否符合你目前的狀態？當你開始檢視組織內使用的儀表板時，最好從以下問題開始著手。

- 哪個儀表板最多人用？最少人用的儀表板又是哪一個？
- 是否有以前很多人用，現在卻沒人在用的儀表板？（它可能已經解決了當初設計儀表板時所遇到的問題）
- 是否有只剩少數人持續在使用的儀表板？（儀表板的使用率偏低，或許只是因為沒有人幫忙說明如何使用）

若想知道上述這些問題的答案，可確認儀表板的瀏覽次數等使用狀況。

與閱聽者對話

你最後一次與這個儀表板的閱聽者對話，是什麼時候？

假如已經隔了很長一段時間，或根本不曾和閱聽者對話過，請務必在更新儀表板之前，和他們談談。不管是閒聊或是在會議室內仔細討論皆可，請與對方聊聊到底都是誰在使用？如何使用？

實際上，大多數的人都不曾與閱聽者談，以前的我也是如此。我以前曾在製作出儀表板後，只跟對方說「給你。裡面有你想知道的資料，點擊這裡就會出現內容」然後用電子郵件把儀表板傳給對方。但在幾週後確認瀏覽次數，卻感到非常失望。

為何會發生這種情況？或許是因為身為製作者的我，一直都太過熟悉這些資料。

- 假如你是製作者，「你」很清楚每個部分代表什麼意思，因為那是你設定的。
- 「你」很清楚點擊了這個篩選器，會如何出現什麼資料，因為這是你製作的。
- 「你」明白這個散布圖的意思，因為變數是你選的。

當你花愈多時間在這個設計上，你的理解必定愈深入，進而你會忘記那些第一次看到的人，亦即閱聽者的感受。

此時，接受回饋可以有效解決這個問題，並且能成為接下來改善的契機。閱聽者不一定能用正確的說法描述他所感受的事情，但即使如此，也一定會收到有意義的評價，可以當作未來改善的指引。

與閱聽者對話的訣竅

這本書說明了資料視覺化的訣竅及理論，市面上的相關書籍也愈來愈多。可是在實際的商務場合中，相較於表面的技巧，資料視覺化與閱聽者的溝通其實變得更加重要，這是為什麼？

這是因為熟悉資料視覺化的人，在逐漸熟悉分析、工具之後，這些技術者往往會以「熟悉該領域的口吻」來對話。比方說，當你看到本書最後這一章，你應該已經算是個擁有資料視覺化知識的人，你已經無法回到閱讀這本書之前的狀態了，可是和你有業務往來的人，可能並不瞭解資料分析或視覺化在做什麼。正因如此，在你要進行資料分析或視覺化時，請謹慎思考「我該如何說明，才能將訊息好好傳達給不熟悉這個領域的人？」

多數人在學會一門專業知識之後，就能有能力分辨專業領域中的事物，而且非常執著於正確陳述，並只會使用專業術語來表達，我認為這樣是非常可惜的。

關於如何改善儀表板，以下有兩個重點。

- **請想像非閱聽者會使用的言詞**
- **要敏銳地察覺到同一個用詞，在不同的上下文中，可能隱藏不同的意義**

現實世界是瞬息萬變的，你費盡心思製作出來的資料視覺化作品，或是儀表板，都必須定期檢視，持續與閱聽者對話，避免變成沒有人要看的東西。

此外，請定期刪除舊資料，加入新資料。在這個過程中，你應該能慢慢瞭解哪些資料可以成為業務上的得力助手？還有閱聽者真正需要的是什麼。

專欄　用不同種類的資料來練習

到目前為止，本書已經介紹了各種資料的表現方法與技巧。接下來你所需要的是，使用未經處理的資料來練習。換句話說，就是使用實際的資料，來解決現實世界裡的問題。我們從現實的資料中學到的東西，往往是範例無法比擬的。

直接面對各式各樣的資料，累積具體的實戰技巧。用這種方法，就可以提升你進行資料視覺化的臨場反應。

這裡提到「各式各樣」，除了主題性或區域之外，也包含了「收集不同資料」的多樣性。

現實中的資料通常都未經整理。有時我們對於自己想問的問題，也會不曉得應該收集什麼種類的資料才好。「現有的資料要怎樣才能繼續做分析？」或是「想要這麼做時，該準備哪種資料？要如何準備？」唯有檢視大量資料後，累積足夠的經驗，才能提高「猜中答案」的敏銳度。

雖說需要各式各樣的資料，不過有人應該會覺得很難收集。以下我就介紹了許多可取得資料的來源，組合開放式資料，通常可以創造出新的價值。

■ 公共資料來源範例

Data.world	https://data.world
Kaggle	https://www.kaggle.com/datasets
E-stat	https://www.e-stat.go.jp
Microsoft Research	https://msropendata.com
Google Dataset Search	https://toolbox.google.com/datasetsearch
Yelp Dataset	https://www.yelp.com/dataset

5-5 資料的運用：實踐資料視覺化的要素

這是一本關於資料視覺化的書，不過，如果你曾聽過「資料運用」或「數位轉型（Digital Transformation；DX）」，其實「資料視覺化」只佔其中一個很小的部分。

資料視覺化是在組織內運用資料的工作之一。在本書最後一節，將介紹關於組織內部的資料運用策略，讓你可以發揮在本書學到的知識。不論你待在哪一種組織，在運用資料的過程中，都一定會有感到迷惘的時候吧。我相信在這種情況下，若有個可以值得信賴的觀點，應該是非常有價值的。

資料運用最重要的四大觀點

建立計畫或企劃時，若沒有具體的資料或材料，就無法完成具有建設性的計畫。可是，在許多資料運用的討論中，往往忽略了這個重點。

多數企業經常在毫無具體資料的情況下，就開始討論資料運用的方向。尤其資料運用的價值往往在於具體的資料，即使拼命闡述抽象的概念，也只是空口說白話，白白浪費大家的會議時間。

要有具體的想法

建立資料運用策略或計畫時，常常會看到大家花很多時間在紙上空談，而沒有「具體」檢視可行性，比方說「公司的資料可以拿來做什麼？」、「可以用這些資料做什麼？」、「可以如何檢視這些資料？」、「組織內有哪些資料可以共享？」、「如何發揮資料的功用？」比方說，要評估導入工具或產品時，更容易出現這種情況。

若要掌握本質問題，及早建立具體的原型，就需要有視覺化分析的專業人員，去針對這個問題（Issue）選擇適合的分析手法。此外，在沒有新工具或產品的高品質原型狀態下，若貿然進行導入驗證，往往會伴隨著高風險，甚至反而會提高成本。

例如當企業導入一套全新的 BI 工具時，如果沒有專業的指引，而你只會 Excel，就可能會試著用新的 BI 工具，去做和 Excel 一樣的事情。當你做出結果後，可能會認為「這不是和 Excel 一樣嗎？」這樣就太可惜了。

想激發具體的靈感，在早期階段就得有具體的原型。

要製作出原型

製作原型，可以幫助你跳脫「現在可以做的事」的框架，如下圖所示。

■「現在可以做的事」及其他

有了原型之後，就能具體想像公司提升等級後的狀態，建立未來高準確度的資料運用策略。以下三個項目，都有助於實現這個目的。

不過，進行以下三個項目，你也要有能力去分辨公司現狀與理想的差異。

① **環境：雲端環境、網路、操作環境、資料庫等**
② **分析者的能力：分析、計算、事前處理、視覺化、統計等**
③ **在公司內推廣：舉辦研討會、設立推廣室、建立學習環境、組織平台設計等**

這些元素愈「具體」，資料運用策略就會愈準確，執行方向也會愈明確。

對於產品及工具也是如此，經過一年半載後，外部環境與內部環境就會有很大的變化。畢竟技術及資訊的世界是瞬息萬變的。

正因為世界變化得很快速，所以得盡快下決定，所以要及早製作原型。

製作原型時，建議不要使用樣本資料，而是利用公司累積的、未處理過的資料，提出具體的原型，和大家討論可以怎麼分析。比起只講概念的抽象會議，這種針對原型的討論會更有建設性。

此外，重要的是，要製作出對組織有利或有助於決策的結果。如果沒有提出有利的內容，大家可能會覺得沒有用處，最後導致公司不想投資在資料運用上，也不會再看這些資料。

敏捷的思維

某家公司的 A 先生曾經找我諮詢。他抱怨：「說什麼要具體思考，可是我不曉得該怎樣具體思考啊！」

當我詢問他詳細狀況後，他表示「為了具體思考，我試圖找出必要的『要件』及『目的』，可是這些事情根本就還沒決定，所以我也束手無策啊！」

恐怕對他而言，他已經習慣要先決定工作的要件與目的，才能繼續執行的作法，或者根本認為非這樣不可吧！

這種想法我稱為「瀑布式思考」。請參考下圖。

■ 瀑布式思考：工作會依序由上往下流動

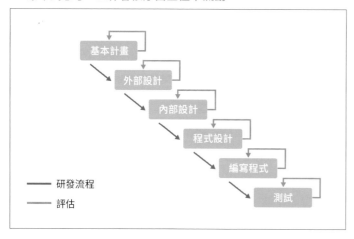

這個概念就是，明確定義需求，沒問題之後再繼續進行下一步。但是在沒有建立任何具體內容時，若要確定高品質的「需求定義」或「目的」，根本是緣木求魚。

在沒有具體內容的狀態下，想建立完美的計畫，結果卻黯然終止的案例非常多。

　　資料分析或資料視覺化領域的工作過程，應該像以下的示意圖。針對具體內容去思考回饋，最後比較容易獲得高品質的「需求定義」及「目的」。

■ 資料視覺化的理想過程

　　比起開一百次會議，使用現成的原型更能激發人類的創造力與好奇心，也能確定之後的執行方向，提高企劃的準確度。

要從小規模開始做

　　要引導企業開始進行新事物時，往往必須證明其價值。可是，沒有具體的內容，很難證明吧！此時，建議從小規模開始推廣／快速致勝（Small Start/Quick Win）。

　　意思就是「要一點一點下注」。

　　要讓「從小規模開始推廣／快速致勝」的方法成功，關鍵就在於下定決心，確定目標。鎖定真正重要的資料、重要的對象、重要的主題。

　　當我們想做一件事時，往往容易想得太廣泛，儘管之前根本就沒做過，卻思考著如何才能囊括所有人、所有對象、所有主題，像這樣想得太廣反而會無法開始。

　　若能丟掉上述這種想法，鎖定目標，就能踏上成功之路。請見下圖，這是知名的創新擴散理論（Diffusion of Innovation Theory），依購買商品的順序將購買者分類。

■　依照創新擴散理論將商品的購買者如圖分類

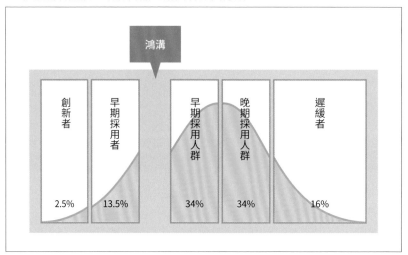

　　依照這套理論，人對新事物、新觀念、新產品的接受度，大致可分為五種程度。簡單來說，新商品要賣，最好能推廣到圖中左側的「創新者」及「早期採用者」，這叫做「跨越鴻溝」。「鴻溝」就是指商品在市場上流動的壽命。比照此例，如果你想在公司內部推動「資料運用」這個新觀念，希望它成為有效的公司內部流程，則在水面下可能要進行以下這些事情。

① 在公司內部宣傳小型成功案例
② 想複製成功案例的人，會完全拷貝相同的模式，繼續建立成功案例
③ 相同的成功案例不斷增加
④ 容易取得其他類型的資料運用預算
⑤ 希望透過資料運用為自己創造利益的高層，可能會主動擔任資料運用的推廣者

　　資料運用的鴻溝在真正的職場上，或許就是這樣跨越的。
　　附帶一提，①有提到「小型成功案例」，但是要建立這種機會其實並不容易。

以我為例，對於我有自信可提供資料分析的業務部門，我會編個理由取得資料，偷偷做資料分析及視覺化，等到完成產生一定程度的視覺化，可以提供建議或具有影響力時，再交出去。如此一來，大家能直接看到原型，就會覺得「哇！原來可以這樣做啊！」出現這種反應的機率，目前是百分之百。

　這就印證了前面提過的，製作原型具有「將想法具體化」的威力。

培養資料文化與改革文化的種子

　知名 IT 研究公司「Gartner」曾在調查中指出，一般都認為 CIO（企業的資訊長或資訊主管）是負責改革文化的「加速器」（accelerator），而不是「阻礙」（barrier）。

Gartner 調查報告：預估到 2021 年時，企業的 CIO 在改革公司文化方面的責任將會等同於人力資源主管
https://www.gartner.com/en/newsroom/press-releases/2019-02-11-gartner-predicts-by-2021--cios-will-be-as-responsible

　換句話說，這代表著 CIO（資訊主管）在組織內推動資料運用時，應該進行根本的「文化」改革。以下我想說明，如何建立組織內的「文化」，以及該怎樣改變本質。

　要推動資料運用，通常都會非常花時間，而且其實很麻煩。

　因為這需要改變由企業中的人們所培養出來的「資料文化」。這裡講的資料文化是指企業中針對資料處理的集體行為、思想、價值觀。下圖是這個概念的示意圖。

■「資料文化」的結構

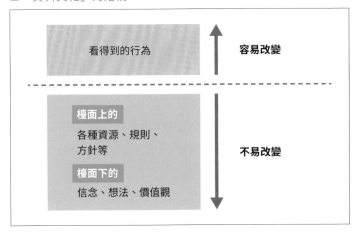

　　你應該也想像得到，即使能改變那些表面上看得到的行為，但是要改變行為背後的信念、想法會是多麼困難。

　　資料運用其實都要從最下面的層級開始往上改變，才會這麼花時間。大部分的人都希望立竿見影，但是要推動資料運用，並非一朝一夕就能看到效果。

　　在培養文化時，有哪些重點是絕對不能忘記的呢？下面我們將討論這個部分。

讓資料成為信任的基礎

　　簡單來說，就是要讓大家都能信任這個組織的資料。

　　有幾個關鍵字支持這個觀點：「資料治理」（Data Governance）、「資料目錄」、「伺服器」、「權限管理」等。「資料治理」的意思是組織要制定各種資料管理策略，創造出「能讓使用者有效使用資料的環境」。

　　「資料目錄」和「權限管理」的重點在於「控制」使用資料時的權限，這點也很重要。在組織內處理資料時，如果控制地太過嚴密，使用者可能會不想使用，動機與生產力都降低。因此，資料一定要維持微妙且細膩的設計與適度的透明性，否則資料很可能會被棄之不用。

　　以上這些做法都是為了讓組織的資料更完善、更值得信任。如果你看到的資料是令你覺得不可信任的，應該沒多久就不會想看吧！

資料運用能力開發計畫

　　我想強調的是，公司也可以為實務上使用資料分析或資料運用的人，設計正確的人才策略（Talent Policy）。策略中將會包括聘用方法、內部教育訓練（研習企劃）的政策、能力開發、評價管理、薪資報酬的設計等等。

　　之所以需要開發與資料有關的能力，是因為我們無法根據每天需要的資料分析，臨時去聘任適合的人才。再加上也不可能特地請一群擅長資料分析的超級專家長期齊聚在公司中。

　　上面所說的是我的理想狀況。實際上我觀察許多企業，與資料分析有關的研習或教育訓練，多半只是每個職位或領域中的「一個選項」，把它當作「必修」科目來認真對待的企業，仍是少之又少。

最近我經常有機會參與一些針對日本企業高層或管理階級的教育訓練或研討會，在我的印象中，頂尖企業的高層通常會仔細檢視資料運用的對策，去瞭解自家企業可以運用哪些資源，擁有什麼工具。我認為以下的作法可以提高效果。

- 在職缺敘述上，要建立符合每個職位的資料素養（Data Literacy）輪廓
- 設計符合每個職位或領域在資料運用方面的研習內容

不論你現在在公司裡是做哪一個職位，我認為都應該具備批判性思維以及基本的資料素養（資料解讀力），這些能力的重要性將與日俱增。

創造可以分享知識的場域

如果要提升資料運用的學習風氣，建議去打造可分享的環境（包含線下與線上）及概念，有興趣的使用者自然會找到該社群去學習。這樣他不僅能提升自我能力，也可以進一步教導別人或分享資源。

大部分的公司或許已經有討論技術問題或提供支援的場域。可是參加社群最重要的並非提出或解決技術問題，而是要與使用者溝通，發現其潛在的需求和煩惱。

實際上，前面說過的環境及分析者的能力都是非常具體且容易討論的，所以馬上就可以做出相關的判斷。像是 AWS 或 BigQuery 的規格、權限的設定、分析者的技能，在 R 或 Python 等具體領域，都非常容易討論。可是在公司內推廣的觀念或學習風氣是很抽象的，很容易被忽略。但就中長期來看，打造資料運用的學習環境才是最能讓使用者累積經驗的方式。

假設你的公司有使用 CoE（Microsoft Power Platform Center of Excellence），要做到社群的「快速致勝」，必須做以下這些事。

- 建立入口網頁
- 維護各項工具授權的使用者目錄（儲存使用者資料的地方）
- 建立 FAQ
- 分享大家都能使用的學習計劃
- 與資料有關的公司內部活動通知

有了可以交流的社群後，大家自然會互相幫助、互相學習。

知名心理學家亞當‧格蘭特（Adam M. Grant）曾說：

「The most meaningful way to succeed is to help other people succeed.」

（最有意義的成功方式，就是去幫助其他人邁向成功。）

管理階層的承諾

這裡的「承諾」並不是指表面上贊成資料運用的大方針，而是管理階層本身徹底瞭解資料運用的價值，直到自己可以成為資料運用的榜樣。

因為在運用資料時，基於以下三個原因，會需要管理階層的承諾。

- 資料運用並非一朝一夕可以見效（需要花時間推動）
- 要在公司內部推廣資料運用觀念，或是開發資料運用能力，都是在追求無形的事物，若沒有受到管理階層的支持，員工很難繼續進行
- 推動資料運用時，必須與多個部門合作

基於上述原因，需要針對每個業務範圍（又稱 LOB；Line of Business）、分析、技術，指派負責的主席（Executive sponsor），請管理階層充分授予支援和承諾，並加速建立資料運用的基礎。

前面已經提過，資料運用需要花時間才能得到結果，如果是只思考短期最佳化的公司，或是把重點擺在追求短期 ROI（投資報酬率）的公司，可能會很難做到上述的承諾。因為他們會覺得浪費錢，往往無法從小規模開始推廣，或者可能需要討論一年以上，才能證明＆說服他人認同資料運用這個領域值得投資。

要花多少時間學資料視覺化的工具？該如何安排學習的順序？

我們的時間是有限的。想要學習資料視覺化的工具，應該先學什麼？

進行資料視覺化時，幾乎都會使用某些軟體或工具。近來出現了各式各樣的視覺化工具，包括 Excel、BI 產品、D3 等。事先熟悉這些工具軟體非常重要。因為若你光想著「哎呀！文字按鈕在那裡啊……」、「咦？要怎麼畫線啊……」這種程度，根本沒辦法分析資料。因此建議大家先努力學會工具的用法，花點時間熟練，才不會因為不熟悉工具而讓能力受限。

我通常會建議花半年的時間，在短期內集中精神學習工具，會比較有效率。人類是很健忘的生物，即使學過也會忘記，一旦學習時間拉長，可能會忘記而無法學會，也會無心持續下去。在半年內集中精神學習，應該能擺脫剛才那些搞不清楚基本操作的狀態，至少你不會在分析資料時因為找不到功能而停下來。

對工具有一定程度的熟悉後，最重要的是制定課題的能力，也就是掌握問題的能力。如果做不到這點，之後的步驟無論多完美，你的努力也是徒勞無功。基於這點，建議你先徹底學習批判性思考和邏輯思考等基礎，這些對資料分析的影響很大。因為不論是做資料分析或資料視覺化，如果你無法釐清「現在最該解決的問題是什麼？」那麼很容易就會招來失敗。

因此，如果你是負責資料視覺化的人員，建議一併學習「假說思考」、「邏輯思考」等知識。簡言之，如果你不熟悉工具，會很難制定課題；若不懂思考方法，則難以制定策略。

結　語

....

　　看完這本書，你應該已經擁有利用資料視覺化，大幅提升自我程度的資源。

　　接下來就請你多多自行練習。

　　畢竟打高爾夫球不可能揮桿十次就變成高手，學英文也不可能只看一本書就變得超級流利。學習資料視覺化當然也沒有那麼容易。

　　當我說高爾夫球和英文很難輕鬆學會，大家都會覺得理所當然，可是為什麼討論到資料分析的能力或技術時，總是有許多人誤以為這很簡單？資料視覺化的技術與分析技巧也同樣需要努力學習，沒有例外，也沒有捷徑可走。

　　這本書的標題就是「資料視覺化設計」，所以我在解說時都偏重「資料視覺化」。但如果你想完成更優秀的資料視覺化作品，仍需要以下技能。如同我前面提過的，真正的資料視覺化技術，需要高度整合下列所有知識才能實現。

- **事前處理資料、事前調整資料的技術**
- **資料的計算、統計相關知識**
- **資料視覺化的技術與經驗**
- **運用大量資料分析的技術**
- **商業領域的知識與經驗**
- **高強度思考的承受力**

　　以我為例，我也不是一開始就樣樣精通。我大學時是文科生，從來沒學過函數，因此我對函數一無所知，在剛開始踏入資料分析的領域時也很辛苦，也被嘲笑過。但是我相信，若把在商業諮詢領域的經驗與上述技術結合，應該可以快速解決許多課題，所以我曾花許多時間努力學習上述所有的知識。現在的我已經成為這個領域的專業人士，曾在國外舉辦過資料分析主題的演講，甚至擔任企業的講師。希望我的經歷，可以給讀者們帶來信心。

　　接下來請一起努力吧！

P.S.

在本書最後，我有三件事想拜託各位讀者。

第一件事，是希望有興趣了解更多的讀者，可以追蹤筆者（永田ゆかり）的 Twitter 帳號 @DataVizLabsPath。我的課程、演講、研討會、活動、出版過的其他書籍等資料都會發布在這裡。

第二件事，如果你是在日本 Amazon 書店購買這本書的讀者，希望可以在 Amazon 網站上發表你的評論。

最後是第三件事。我希望建立一個技術分享系統，當我離開這個世界時，還能和我活著的時候一樣，繼續幫助其他人思考資料分析的方法、設計出符合業務需求的資料視覺化策略。為了達成這個目標，我把我目前所學、我所有的 Know How、資料分析的專業技術等內容，免費公開在「DATA VIZ LAB」網站（https://data-viz-lab.com）。網站內容包括資料運用策略、工具、視覺化技術等相關報導，請大家務必瀏覽這個網站。

謝謝大家看到這裡。敬請多多指教。

本書作者永田ゆかり的 Twitter 帳號 @DataVizLabsPath
https://twitter.com/datavizlabspath

本書作者永田ゆかり建立的「DATA VIZ LAB」網站
https://data-viz-lab.com/

Steve Wexler, Jefferey Shaffer, Andy Cotgreave 著
《The big book of Dashboard》
Wiley（2017）

Stephen Few 著
《Information Dashboard Design: Displaying Data for
At-a-Glance Monitoring》
Analytics Press（2013）

Robin Williams 著 米谷テツヤ 監修＆譯、小原司 監修＆譯、
吉川典秀 譯
《The Non-Designer's Design Book》
Mynavi 出版（2016）
※ 本書有台灣中譯版，書名為《好設計，4 個法則就夠了：
頂尖設計師教你學平面設計，一次精通字型、色彩、
版面編排的超實用原則》，臉譜出版

Edward R. Tufte 著
《The Visual Display of Quantitative information》
Graphics Pr（2001）

Stephen Few 著
《Show me the numbers: Designing Tables and Graphs
to Enlighten》
Analytics Press（2012）

Alberto Cairo 著
《The Truthful Art》
New Riders（2016）

Andy Kriebel 著
《Makeover Monday: Improving How We Visualize and
Analyze Data, One Chart at a Time》
Wiley（2018）

Alberto Cairo 著
《The Functional Art: An introduction to information
graphics and visualization》
New Riders（2012）

Tableau 白皮書 < 視覚的分析のベストプラクティス >
（暫譯：視覺分析的最佳練習）
https://www.tableau.com/sites/default/files/media/
Whitepapers/visualanalysisbestpractices_ jp.pdf

O Wilke 著
《Fundamentals of Data Visualization》
O'Reilly Media（2019）
※ 本書有台灣中譯版，書名為
《資料視覺化：製作充滿說服力的資訊圖表》，
歐萊禮出版

Daniel Kahneman 著 村井章子 譯
《Thinking, Fast and Slow》
Hayakawa 文庫（2014）
※ 本書有台灣中譯版，書名為《快思慢想》，天下文化出版

Stephen Few 著
《Tapping the power of Visual perception》
https://www.perceptualedge.com/articles/ie/visual_
perception.pdf

Jason Lankowk, Josh Richie,Ross Crooks 著 淺野紀予 譯
《Infographics: The Power of Visual Storytelling》
BNN 新社（2013）
※ 本書有台灣中譯版，書名為《視覺資訊的力量 讓數字故事
「更好看」: 抓住眼球經濟的 「資訊圖」 格式全書》，大寫出版

《Finantial Times Visual Vocabulary》
https://github.com/ft-interactive/chart-doctor/blob/
master/visual-vocabulary/ Visual-vocabulary-JP.pdf

Cole Nussbaumer Knaflic 著
《Storytelling with Data》
Wiley（2015）
※ 本書有台灣中譯版，書名為《Google 必修的圖表簡報術
(修訂版)：Google 總監首度公開絕活，教你做對圖表、
說對話，所有人都聽你的！》商業週刊出版

附　錄

　　看完本書之後，讀者或許會對書中各種精美的圖表產生興趣，想知道怎麼製作。其實，本書中這些圖表大多是用「Tableau」製作的，這是一套功能強大的工具，做出來的圖表非常精美又具有互動性。若讀者有興趣，可上網搜尋這套工具並下載安裝。在本書的附錄，我們就請到台灣本地的 Tableau 專家，為您示範以 Tableau 製作儀表板的方法。讀者若有興趣，請到以下網址下載這份文件（PDF）。

- 附錄內容：Tableau 設計範例「台灣確診分佈儀表版」
- 附錄作者：國立雲林科技大學助理教授 胡詠翔博士
- 附錄下載網址：https://www.flag.com.tw/DL.asp?F1827

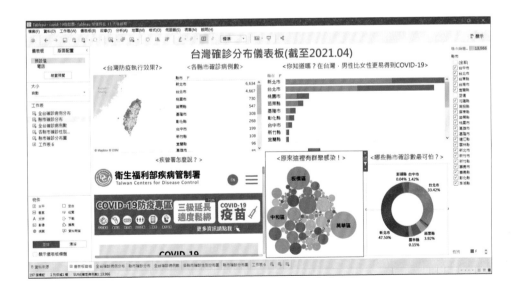

感謝您購買旗標書，
記得到旗標網站
www.flag.com.tw
更多的加值內容等著您…

● FB 官方粉絲專頁：旗標知識講堂

● 旗標「線上購買」專區：您不用出門就可選購旗標書！

● 如您對本書內容有不明瞭或建議改進之處，請連上
旗標網站，點選首頁的 聯絡我們 專區。

若需線上即時詢問問題，可點選旗標官方粉絲專頁
留言詢問，小編客服隨時待命，盡速回覆。

若是寄信聯絡旗標客服 email，我們收到您的訊息後，
將由專業客服人員為您解答。

我們所提供的售後服務範圍僅限於書籍本身或內
容表達不清楚的地方，至於軟硬體的問題，請直
接連絡廠商。

學生團體　訂購專線：(02)2396-3257 轉 362
　　　　　傳真專線：(02)2321-2545

經銷商　　服務專線：(02)2396-3257 轉 331
　　　　　將派專人拜訪
　　　　　傳真專線：(02)2321-2545

作　　者／永田ゆかり

譯　　者／吳嘉芳

翻譯著作人／旗標科技股份有限公司

發行所／旗標科技股份有限公司
　　　　台北市杭州南路一段15-1號19樓

電　　話／(02)2396-3257(代表號)

傳　　真／(02)2321-2545

劃撥帳號／1332727-9

帳　　戶／旗標科技股份有限公司

監　　督／陳彥發

執行企劃／蘇曉琪

執行編輯／蘇曉琪

美術編輯／薛詩盈

封面設計／薛詩盈

校　　對／蘇曉琪

審　　訂／胡詠翔 博士

新台幣售價：480 元
西元 2021 年 8 月初版

行政院新聞局核准登記 - 局版台業字第 4512 號
ISBN 978-986-312-669-0
版權所有 ‧ 翻印必究

DATA SHIKAKU KA NO DESIGN
Copyright ⓒ 2020 Yukari Nagata

Original Japanese edition published in 2020 by
SB Creative Corp.

Chinese translation rights in complex characters
arranged with SB Creative Corp.,

through Japan UNI Agency, Inc., Tokyo

國家圖書館出版品預行編目資料

資料視覺化設計：設計人最想學的視覺化魔法，
將枯燥數據變成好看好懂的圖表 / 永田ゆかり 著；
吳嘉芳 譯　審訂 胡詠翔 博士

初版 . 臺北市：旗標科技股份有限公司，2021.08 面；公分

譯自：データ視覚化のデザイン

ISBN 978-986-312-669-0(平裝)

1. 圖表 2. 簡報 3. 視覺設計
494.6　　　　　　　　　　　　　　110006446